U0208536

后浪出版公司

让家人吃出健康

自己打造食品安全小环境

范志红◎著

世界图书出版公司
北京·广州·上海·西安

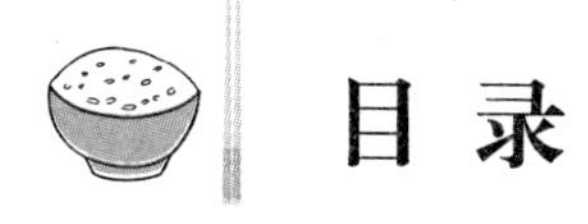

目 录

自　序

合理饮食，将健康握在自己手中

看似时尚的现代人，无论是优雅的女子还是挺拔的绅士，无论是儿童、青年还是中老年，都会时常被各种健康问题所困扰。特别是正在孕育和哺育宝宝的妈妈们，为家人买菜做饭的主妇主夫们，往往会被种种健康劝告、营养信息和保健产品弄得不知所措，又被各种环境污染信息和食品安全事故吓得战战兢兢。

如何在这个混乱的饮食世界中找到生存之道，远离各种恐慌和纠结，也让全家人远离四处蔓延的各种现代流行病呢？

其实，在现代人中出现祖辈不曾流行的各种健康问题，一点也不令人意外。要知道，人类的遗传代谢机能，乃是在百万年来的进化中渐渐形成；个体的体质特点，又是在幼年童年的生活中定型。三十多年来的经济发展，改变了我们的生活方式和饮食内容，却不可能改变代谢的机制，也很难改变体质的特点。因此，剧烈变化的生活状态，与祖先留下的身体固有设计，这两者之间不可能不发生强烈的生理摩擦。

按照自然的机制，人应当日出而作、日落而息，并非每日工作娱乐直到深夜；应当每日糙米青菜，少量肉蛋，而不是饼干、蛋糕、膨化食品、甜饮料、方便面塞满胃肠；应当每天在空气新鲜、树绿草绿的环境中出力流汗，而不是在空调房间里终日陷在电脑椅中，紧盯电脑屏幕……

“时尚”的生活，使我们远远地脱离自然，与遗传因子期待的生活方式背道而驰，不可避免地卷入所谓“亚健康状态”的漩涡，终为各种各样的慢性疾病所苦。肥胖、脂肪肝、高血压、糖尿病、冠心病、痛风、骨质疏松、阿尔茨海默病……越来越多的人加入到病人大军当中，甚至很多未成年的孩子也被“三高”所纠缠。

即便还没有这些疾病，很多人也已经感受到青春不再、活力不足。每天疲乏不堪、头昏脑涨、消化不良、难以入眠、脸色暗淡、皮肤松弛，甚至连孕育一个健康宝宝也变成难事。

其实，真理的核心往往惊人地简单——若要恢复生命的活力与心灵的健康，根本的办法就是尽力回归接近自然的生活方式，过一种朴素而协调的生活。

无法改变超市中加工食物的品质，至少可以选择天然形态的食物，特别是蔬菜、水果、豆类和奶类，远离用面粉、油、糖制成的各种饼干甜点，以及用糖和香精、色素配成的甜饮料和小食品。每天精心为自己和家人烹调三餐，是现代生活中的最大奢侈之一。

无法改变工作午餐和经常的宴请，至少可以注意选择清淡的菜肴，并用回家之后补充杂粮蔬菜的方法来弥补营养不平衡的问题。吃营养充足而油盐糖少的食物，自然能远离发胖的麻烦，还能避免血糖和血脂上升的风险。

无法改变已被污染的大环境，至少可以避免过多摄入鱼肉海鲜，因为它们所富集的环境污染物含量最高。多吃蔬菜、水果、杂粮、豆类，可以帮助身体减少污染物的吸收，提高身体对毒物的处理能力。在同一个不安全的世界上，健康饮食的人就能比别人生存得更好更安全。

无法改变巨大的工作学习压力，至少可以提高食物的营养素密度，远离增加身体负担的食物，从而提高身体对压力的对抗能力。合理的饮食会让头脑的高效思维更为持久，餐后不再昏昏欲睡，心情也更加平和愉悦。

无法改变办公室坐班的生活，至少可以每周运动三次，在强化心肺的同时，让身心舒展开来；还可以把运动融入生活，把乘电梯改成爬楼，把开车改成走路，把小时工做的家务改成自己来做。每天有至少半小时有氧活动，腰腹就会日益紧实，身材就会恢复青春状态，偶尔享用浓味美食也不担心肥肉上身。

真正重视健康的人，绝不会被惰性和迷茫所困，放任自己和家人在亚健康的黑洞中一再沦陷。其实，闪开文明社会的流行病，并不需要一身绝顶功夫，只需要一些实实在在的知识，再加上一些踏踏实实的行动。这本书的内容，就是给您提供日常生活中最有实效的健康饮食信息，比如——

怎么安排三餐？怎么选择食材？

怎么合理烹调？怎么储藏食物？

老人孩子的饮食怎么照顾？

压力状态下的饮食该注意什么？

慢性病患者的饮食如何设计？

出门聚餐如何健康点菜？

怎样远离食品安全危险？

如果您关心这些话题，不妨翻看本书，细细读一读。

仅仅读过还不够。时光流逝，日月如梭，生命中的每一年都无比重要。孩子的成长不能等，老人的健康不能等，自己抵抗衰老也不能等。您一定要早日策划和实施一个又一个生活质量改变计划，让健康的食物占据全家的餐桌，让健康的生活变成每天的常规。到那时，您一定会收获越来越多的喜悦和自信——因为全家人都因为您的努力而受益了。

无须抱怨，无须纠结，只须行动。合理饮食，可以帮我们将健康牢牢握在自己的手中。

第一章　为什么饮食难保安全?

1.1 食品中存在多少不安全因素?

烹调油里可能有哪些毒?

从地沟油、酸价超标到检出致癌物，烹调油的安全性一直都是人们关注的焦点。很多朋友都在问，炒菜油里到底会有哪些不安全因素呢？我的确不是食品安全专家，只能以食品科学专业的基础知识来解答这个问题，顺便也帮大家分析一下，除了致病菌、寄生虫和微生物毒素之外，食品中的不安全因素来源，到底包括哪几个方面。

若要列出油脂里有毒物质的嫌疑名单，那可是很长的一串。其中有的是“天生之毒”，有的是环境污染或农药污染之毒，还有的是储藏或加工过程中引入的有害物质，甚至是非食用的掺假物质。

油料种子里的天生之毒

人们日常吃的油脂，或者是从含油的植物种子里来的，或者是从动物的脂肪组织（肥肉、板油）或者乳脂（比如黄油）当中来的。所谓天生之毒，就是植物天然带的毒素。比如说，棉籽油里会带有棉酚，菜籽油里带有硫甙和芥酸，大量食用的时候对人体都有危害。所以国家才会推广栽培低棉酚、低芥酸的品种。

农药污染和环境污染之毒

植物长在田里，既会吸收农田和灌溉水中的污染，如铅、砷、汞、镉等，也会吸收难分解的农药残留物质，比如六六六，以及大豆、油菜、花生栽培过程中的常用农药和除草剂。不过，因为油脂原料是植物的种子，在同等污染水平下，种子的污染程度会比根、茎、叶部分要低一些——植物也有爱子之心，它不愿意把坏东西留给后代。

在油籽收获之后，还可能在储藏当中被污染。其中最常见的是因为储藏条件不理想，种子长霉，污染霉菌毒素。人们最耳熟能详的，也是毒性最大、致癌性最强的，就是黄曲霉毒素。大米、玉米、花生、各种坚果都容易被黄曲霉污染，所以它们榨的油都必须监测黄曲霉毒素的残留量。收获之后的储藏、晾晒过程中也可能沾染一些有害物质，比如路上沥青散出的气体或微粒、汽车的尾气和橡胶路面摩擦产生的致癌物，都可能少量附着在种子上；和农药、除草剂等堆放在一起也可能造成化学污染。

油脂加工中可能引入的毒

油籽制油加工的过程中，同样可能带来污染。压榨加工是直接物理压榨出油，不会引入溶剂污染，相比而言所产油脂质量较好。特别是那种有浓郁香气的油脂，最适合用这种方法来生产。比如说，花生油和芝麻油是不需要脱色、脱臭这些处理的，否则反而损失了香味。不过，大部分油脂要经过脱胶、脱色、脱臭、脱酸等许多步的精炼处理，在这个过程中，涉及到用白陶土、硅藻土之类来过滤，如果这些物质质量较差，可能引入重金属污染；还涉及到用酸、碱和有机酸处理，如果这些加工助剂的质量不过关，也可能引入化学污染。

在压榨之后，肯定不可能把所有的油都压出来，榨过油的饼粕里肯定还有不少油脂。这时候就必须用溶剂来提取了。有些含油脂比例低的材料，比如黄豆、米糠、玉米胚之类，直接压榨很难出油，只能靠溶剂提取。这些溶剂都是和油脂最“亲”的东西，比如六号溶剂油等，能很彻底地把油提取出来。这些溶剂也都是特别容易挥发的东西，只要把它们加热到不太高的温度，就轻飘飘地蒸发走了，冷凝收集起来还可以循环利用。留下的就是不容易挥发的植物油啦。这么生产油脂的方法，就叫做浸出法。当然，多少都会有一丁点儿溶剂会残留下来，但是只要工艺得当，溶剂本身质量过关，最后产品中的溶剂残留微乎其微，不会达到有害健康的程度。

浸出法提取的油脂，也要经过精炼处理。这一系列复杂处理过程中，会损失一部分维生素 E 和胡萝卜素，去掉磷脂和植物固醇，降低了油脂的营养价值。同时，因为某些环节的处理温度比较高，还会有少量的脂肪酸发生顺反异构，生成反式脂肪酸。所以，大部分精炼植物油，即便没有经过氢化，也会含有百分之零点几到百分之几的反式脂肪酸。

无论加工前后，油脂都有一个最怕的事情——氧化酸败。榨油原料在储藏过程中容易发生氧化，榨油之后储藏久了也会发生氧化。氧化从少量自由基开始，逐渐“星星之火可以燎原”，产生大量的氧化酸败产物，油脂就会产生不新鲜的味道，乃至明显的“哈喇味”，这种油脂中含有大量有毒物质。其实早在没有出现味道之前，油脂中氢过氧化物增加，已经会给人体带来促进衰老的作用。这方面的质量，要用过氧化值来判断。油的销售周期比较长，为了避免氧化带来的麻烦，企业通常都要在油里加抗氧化剂，最常用的就是“特丁基对苯二酚”（TBHQ），也就是方便面里喜欢加的那种物质，也是麦当劳炸鸡块中被爆料的那种物质，此外还有 BHA、BHT 等。这些都是国家许可使用的抗氧化剂，不必因为化学名称奇怪而产生恐惧。

最后，油脂会分装出厂，此时还要小心劣质包装材料可能带来的污染，因为很多污染物都易溶于油脂。

厨房里制造出来的毒

在油脂买回家之后，除了储藏过久容易发生氧化之外，还有一个最大的危险来源——就是烹调加热中产生的有害物质。加热的时间越长，温度越高，产生的有害物质和致癌物就越多。300℃以上的加热，即便是短时间，也会产生大量的致癌物苯并芘。在日常炒菜的温度下，加热时间越长，油脂中产生的苯并芘就越多。同时，油脂加热时间越长，其中的反式脂肪酸越多，氧化、聚合、环化等产物也越多，它们均严重有害健康。

最令人害怕的，一是餐馆里反复加热的炒菜油，二是曾经“过火”的炒菜油。过火也就是炒菜或颠勺时锅里着火，一些厨师不以为意，甚至觉得很“酷”很香，其实过火后留下的“烟糊味”有油脂过热后产生的微粒，其中致癌物苯并芘的含量甚高。炒菜后锅垢中也富含这类致癌物。油脂加热时所冒的烟气“含”致癌物质，不管是油炸的油烟，还是烤羊肉串、烤肉的烟气，经常接触都会增加肺癌发生的风险。

事故和掺假带来的毒

如果食品加工过程当中出现了非正常的事故，很可能会污染到产品。在油脂的污染事故当中，最为著名的当属 1968 年日本米糠油污染事件，它被列为世界“八大公害事件”之一。当年某食用油工厂在生产米糠油时，在脱臭过程中用多氯联苯液体作为导热油。因生产管理不善，导热油泄露，结果导致米糠油被多氯联苯污染，造成一千六百多人中毒的惊人事件。1979 年，台湾也发生了类似米糠油污染事件，有两千多人受害。

至于人为的掺假，本来不应当成为讨论话题，但无奈现实中确实存在。比如在烹调油中兑入矿物油、地沟油（处理后的烹调废油），或者加入本不属于食用色素的苏丹红，都是典型的“人工掺毒”了。

1.2 大环境被污染

大环境污染相当于在饭碗中下毒

民以食为天，我们可以不穿时装、不看电视，但不能离开食物。食物为我们提供养分，食物的质量更决定着我们的健康。然而，在这个污染遍地的世界上，谁知道哪一天还有新的食品安全事件爆发呢？

仅仅担心害怕是不够的，必须搞清楚这样一个问题：大环境污染是哪里来的？

多数人回答说：是工厂产生的“三废”。实际上，工业污染只占总污染源的41%，生活污染占59%。据统计，每个都市人一天当中要制造1公斤垃圾，200公斤废水，20克日用化学品。

每个都市人都是污染的制造者。由于消费者乱扔废电池，每年有600吨汞进入水源和土壤；由于人们爱吃烧烤食品和煎炸食品，使大量致癌烟气进入大气；由于人们使用含磷洗衣粉和各种日用化学品，河流湖泊受到污染，鱼虾奄奄一息……

即使那些产生污染物质的工厂，也是因我们的需要而存在。我们需要它们提供现代生活的享受，提供方便与舒适。我们得意洋洋地穿着皮革厂生产的时髦皮衣，漫不经心地浪费着造纸厂生产的纸张，自然而然地使用着电镀厂生产出的各种亮晶晶的器皿……

不要以为这些事情与我们无关，因为排污只是悲剧的开幕式——

土壤和水源中的难分解污染物会顺着植物的根系进入农作物，空气中的污染物会随着降雨落在叶面，或是直接通过气孔进入叶片，然后悄悄地潜伏在水果、蔬菜、粮食当中。这些被污染的农产品有的直接来到集贸市场，被购物的主妇们买给家人食用；有的被运到食品厂，变成包装精美的饼干、蛋糕、面包、饮料，然后被小朋友们当成零食快乐地分享。在商品经济高度发达的今天，人们无法控制自己食物的原料产地，也就是说，即使污染地区远在千里之外，当地所生产的食品却可能摆在我们的餐桌上。

有人会想：这些污染的食物不适合人类食用，但是可以给动物们做饲料。这种做法实际上更为愚蠢——动物具有富集污染物质的能力。如果给鸡饲喂受污染的饲料，所生鸡蛋中污染物的浓度可以上升40倍；而污染水域中养殖的水产品可以将污染物浓缩万倍之多。在人们得意地享受鸡鸭鱼肉、海鲜河鲜之时，却不知自己把大量的污染物质送入了腹中。

按照生态学的基本定律，如果环境中存在难分解污染物，比如说铅、砷、汞、多氯联苯、六六六等，那么越是处于高营养级的动物，体内的污染水平就越高。也就是说，如果水里有污染，那么水藻就会受到污染；吃水藻的小鱼会浓缩水藻中的污染，而吃小鱼的大鱼又会浓缩小鱼体内的污染。一条大型食肉鱼一天就能吞下千百条小鱼，所以它们积累污染物质的速度最快。同理，猪吃植物性的饲料，那么它的污染一定比饲料中的污染水平高很多。我们如果大量吃猪肉，那么我们体内的污染水平又会比猪高得多，这就叫做生物富集和生物放大作用。

同样，鱼肉的农药等化学药物残留水平绝不亚于蔬菜和水果，甚至有过之而无不及。这是因为，动物饲料也是在污染的农田中生产的，照样有农药、除草剂等农用化学药品的残留，其中的难分解成分会积累在动物体内；而动物饲养过程当中，各种兽药、杀菌剂、饲料添加剂等化学物质也会或多或少地进入动物身体，从而间接地进入人体。

所以，那些鼓励吃鱼吃肉的国内外人士，毫无例外都强调要吃“有机肉”，还要低温烹调，最小程度地加工，正是基于以上种种原因。

我们的“幸福生活”破坏了自然环境，更剥夺了自身的安全。每个人都应当醒悟过来：无论哪里受到污染，都与我们餐桌上的食物有关。制造污染就是在我们的饭碗里下毒！

@范志红_原创营养信息

30年来法规、管理和工艺都进步了很多，媒体监督和消费者意识都强大了很多，但环境污染之严重，不是短期能够改变的事情，成为食品安全的第一大威胁，也是长期存在的威胁。被媒体凶猛炒作的那些食品安全事件，和这些环境污染问题比起来，太小菜了。

现在的挑战是，在一个不安全的世界里，吃多少有点污染的食物，如何能更健康更有活力地活下去。我们吃的绝大多数食品都不纯净，但只要不超过人体的解毒能力和清除能力，我们仍然可以健康地活着。提倡健康生活，就是为了提高我们自身的能力，从而在污染的世界上活得更好。

1.3 看不见的病菌和寄生虫

小心海鲜河鲜吃出病来

经常觉得人们对食物的态度很不公平。对喜欢吃的东西，什么都能宽容。麻烦也好，昂贵也好，危险也好，千难万险也要吃。对不太爱吃的东西，什么都可以成为不吃的理由。

前几年，我在上课时曾经问过很多学生和学员：如果牛奶多喝会增加癌症风险，你们还愿意喝吗？80%的人说：不喝了。然后问：如果肉类多吃会增加癌症风险，你们还愿意吃吗？90%的人说：还要吃，少吃几口就是了。如果问：如果虾蟹贝类多吃会增加癌症风险，你们还愿意吃吗？答案是：当然还要吃！为什么呢？因为太好吃了。

这海鲜河鲜，好吃是好吃，营养价值也的确挺高，可是麻烦也相当大。这些麻烦大致可以归结为5个类别：致病菌，寄生虫，重金属等各种环境污染，过敏和不耐受，以及促进某些疾病的风险。

先说说致病菌和寄生虫吧。查了一下国内外的文献，发现在螃蟹、虾、贝当中所发现的致病菌可真不少，还有诺如病毒之类致病性很强的病毒。就拿螃蟹来说，臭名昭著的副溶血性弧菌、霍乱弧菌、李斯特单核增生菌、致病性大肠杆菌之类多种致病菌，都有在螃蟹里出现的报告。特别是弧菌类致病菌，在河鲜海鲜里特别猖獗，夏秋季节尤其污染面大。一旦中招，轻则呕吐腹泻腹痛两三天，重则需要急救。

每一个人的消化系统能力不同，免疫能力不同，对致病菌的反应也是不一样的。如果胃酸很强，能消灭食物中的绝大部分微生物，那么出现麻烦的可能性就小。而那些消化能力弱、胃酸分泌不足的人，如果烹调不足，没有彻底杀菌，或者用餐时喝大量饮料、吃大量水果，稀释了胃液，食物

中的致病菌就很容易活着通过胃而进入肠道，引起细菌性食物中毒。所以，有胃酸不足问题的人，尤其要量力而为，少吃海鲜河鲜。

同时，寄生虫的麻烦也不可小看。在虾蟹螺等水产品中，还可能有管圆线虫、肺吸虫之类寄生虫。吃醉螺、醉蟹之类风险很大，烹制不熟也可能让寄生虫的囊蚴漏网。前几年因为吃未彻底烹熟的螺肉引起管圆线虫病，给几十个患者带来极大痛苦。寄生虫甚至深入脑部，有的患者甚至一度被误诊为脑瘤。这样的惨痛教训不可忘记啊！

所以水产美食千万要经过加热烹调，不能一味追求鲜嫩，更不能生吃！

不过，水产品中的污染，却是加热没法解决的问题。由于养殖环境可能有水质污染，水产品天天泡在水里，难免会吸收其中的污染物质，这是外因；另一方面，水产品本身就有富集环境污染的特性，水里有一倍的污染，到了海鲜河鲜那里，就可能变成千万倍的污染。这是内因。

按我国报告的数据，水产品中有富集问题的污染物是砷和镉等重金属。

我国测定表明，水产品中的砷含量远远高于肉类、粮食和蔬菜，是膳食中砷的主要来源。珠三角地区的水产品中砷含量较高，台湾省水产品中的砷污染也比较严重（李孝军等，2009）。1988 年联合国粮农组织和世界卫生组织（FAO/WHO）推荐其下的食品添加剂联合专家委员会（JECFA），建议无机砷的暂定每人每周允许摄入量 (PTWI) 为 0.015 毫克 / 公斤，以人体重 60 公斤计，每人每日允许摄入量 (ADI) 为 0.129 毫克。吃 1 公斤的鱼和海鲜，按砷含量 0.1 毫克 / 公斤鲜重的标准高限来计算，加上其他食物，已经接近许可摄入的数量。

甲壳类动物如蟹的镉限量为 0.5 毫克 / 公斤，而超标的情况比较常见，高的甚至能超标十几倍。有研究者认为蟹富集镉污染的能力比虾更强，乌贼墨鱼之类也比较高（毕士川等，2009）。而珠三角的水产品测定数据也表明在重金属污染当中，镉超标的问题相对常见（刘奋等，2009）。

除此之外，还有很多报告表明水产品中会富集多种环境污染物，比如如今早已禁用的高残留农药六六六和DDT，著名的难分解环境污染物二噁英和多氯联苯等。一项国内研究发现，如果菜地土里的六六六残留是

0.2～3.6微克/公斤的水平，蔬菜中的水平只有0.3～9.8；农田土中的含量是0.4～1.2，粮食中的含量是3.1～12.6。同地区的地表水里，六六六含量是0.001～0.3微克/公斤，而水产品中的六六六含量却高达38～46。可见，水产品富集农药污染的能力远远高于蔬菜和粮食（谢军勤等，2003）。

所以说，为了避免摄入过多环境污染物，海鲜河鲜都要适量，不能多吃。如果按我国营养学会的推荐，每天吃75～100克的量，那么既不会造成蛋白质过量，从水产品中摄入的环境污染物也不至于达到过量的程度。所以说，很多有助于营养平衡的措施，对于提高食品安全也同样有益。

从世界角度来看，甲壳类水产品和鱼类、鸡蛋、牛奶一起，都是最容易造成过敏的动物性食品。而对于我国居民来说，虾蟹等水产品是成年人最容易发生过敏的食物类别。其中的过敏相关蛋白质已经有很多研究，但这些引起过敏的物质，用蒸 10 分钟的方法是很难去除的。除过敏之外，还有不少人对海鲜河鲜有不耐受反应，食后感觉胃肠不适。有的人认为是因为其中的蛋白质难以消化所引起，还有的认为和其中的藻类毒素或致病菌有关。无论什么原因，只要有不良反应，就应当远离这些食物，至少是暂时性禁食。

最后要提示的是，有血尿酸高和痛风问题的朋友们，肝肾功能受损的人，以及有消化系统疾病的人，以及过敏体质的人，一定要节制食欲，对海鲜河鲜浅尝辄止，必要时敬而远之。无论食物多么美味，也不能“以身殉食”。若真吃出病痛来，岂不是自找麻烦吗？

@ 范志红_原创营养信息

我基本上不纠结鱼肉蛋奶的激素、抗生素之类问题，限量是主要措施（日平均摄入肉类和鱼虾总量不超过 125 克）。同时多吃蔬菜和杂粮，提高身体的抗污染能力。

1.4 加工食品中的添加物

看穿食品的美色和美味

在超市里，经常可以看到这样的宣传："松软得可以弹起来"、"柔滑得如丝绸一样"、"无与伦比地松脆"。

消费者为那些美妙的口感所征服，于是欣然购买。其实，这些食品的美妙口感，毫无例外地来自食品添加剂。无论是酸甜的糖果，香浓的零食，还是酥脆的饼干和柔软的蛋糕，都是食品添加剂的杰作。消费者的味蕾，拥抱着浓郁的香精；消费者的眼睛，追随着美丽的色素；消费者的牙齿，欣赏着带来脆爽的起酥油。

然而，也有一些食品如此宣传："本品不含有防腐剂"、"本品不含有人工色素"、"本品不含有香精"……

消费者心有所动，认为它们更健康，于是欣然购买。其实，这些食品不含有防腐剂，未必不含有抗氧化剂；不含有色素，不等于不含有防腐剂；不含有香精，也不等于不含有增稠剂等其他添加剂。

其实，大规模的现代食品工业，就是建立在食品添加剂的基础上的。因为消费者对食物的外观品质、口感品质、方便性、保存时间等方面提出了严苛的要求，要想按照家庭方式来生产，几乎是不可能的。如果真的不加入食品添加剂，只怕大部分加工食品都会难看、难吃、难以保存，或者价格高昂，消费者是无法接受的。

很多消费者不这么想，总觉得添加剂是生产厂家骗人害人的东西。但是，只要想一想以下这些事实，就能明白，消费者自己有没有责任。

为什么自己家里的苹果切开来就会变褐，而如果超市中的苹果干梨干是褐色，你却不肯买，偏偏要选择那些洁白或淡黄色的产品？如果你这样选择，就是逼迫生产者使用大量的亚硫酸盐抗褐变剂。

为什么自己家里的肉煮熟了就会变褐，而如果超市里的酱牛肉是粉红色，你却非常喜欢，而且嫌弃那些颜色发褐的酱牛肉？如果你这样选择，就是引导生产者使用亚硝酸盐发色剂。

为什么明知道牛奶是没有水果香味的，几小块烫过的水果也不可能带来多少风味，却喜欢那些带有浓烈水果香味的乳饮料和酸奶呢？

为什么自己家里炸的食品稍微凉一点就会变软渗油，而外面卖的很多煎炸食品放了多久都那么挺拔酥脆，你就总是选择最脆最爽的煎炸食品呢？

为什么自己家里的馒头放半天就会变硬发干，而超市的面包几天都不会变干，你就专门选那些最松最软的面包，稍微干一点你就不肯问津呢？

可见，在这个消费决定生产的时代当中，消费者的选择决定了生产者的行为。要想真正避免摄入大量食品添加剂，唯一的方法就是自己购买新鲜天然的食品原料，花费一些时间，按照传统的方式，亲自动手制作健康的家庭食品。

家做新鲜食品的好处，远不仅仅是避免食品添加剂。新鲜食物可以提供最平衡的养分，最多的保健成分，最多的膳食纤维，还能最好地促进免疫力——总之，用完全天然形态的食品原料在家烹调，虽然花费时间精力，却可以充分获得大自然赋予的健康好处。如果一味追求“方便”、“快捷”，必然要牺牲一部分健康特性。因为，天然食物中的健康成分，很难在加工中完全保留；天然食物的美好特性，也只能存留非常短的时间，消费者应当接受这个基本事实。

如果不肯降低对食物的要求，又不肯自己购买新鲜食品自己制作，就只能和食品添加剂和平共处了。

实际上，国家许可使用的食品添加剂整体安全性是比较高的，在正常用量下不会引起不良反应。对于加工食品来说，很多食品添加剂必不可少，例如低盐酱菜和酱油中的防腐剂，方便面和各种曲奇点心等中的抗氧化剂，还有防止面包长霉的丙酸盐，等等。如果没有这些食品添加剂，就很难想象食品能有足够的时间运输和出售，也很难想象消费者能够吃到放心的食品。但苏丹红、三聚氰胺这类不属于食品添加剂的非食用物质，无论在食品中

加多少，对人体健康肯定有危害，都是违法行为，都应当受到法律的严惩。

然而，尽管每一种食品添加剂的毒性都很低，但如果在膳食中的摄入量过大，仍有带来副作用的可能。同时，各种食品添加剂之间的相互作用，以及它们与食物成分吸收利用之间的关系，至今仍然没有得到详尽的研究。因此，优先食用接近天然状态的食物，仍是一种明智的选择，特别是对于生理功能尚未完全发育成熟的儿童。例如，国外已经有不少研究报道，在让儿童远离各种加工食品之后，不少孩子的多动症、注意力不集中、学习障碍、侵略性行为等都有所改善。也有研究发现，合成色素如柠檬黄等会妨碍锌的吸收，而酥脆食品中的明矾和氢化植物油等原料不利于智力发育。总之，家长应当尽可能不给两岁以下幼儿任何含有添加剂的食品，包括彩色的糖果，甜味饮料，以及添加味精和明矾的膨化食品。

对食品添加剂，应当心平气和地接受，肯定它们对食品的安全、美味和方便所做的贡献，但消费者应当避免过度追求口感、颜色、味道的误区，接受食品的天然特性，重视食品的自然品质，从而明智地选择食品。最要紧的是，通过反思食品添加剂的问题，树立正确的食品选择和评价观念，不再过度依赖加工食品和快餐食品，而是珍视自然的风味，感激父母家人不辞辛苦烹调制作一日三餐的爱心，并把健康的民族饮食传统传承下去。

@ 范志红_原创营养信息

现代人远离了食物生产加工环节，连天然食物该是什么样子都不知道，对天然食物了解越来越少，储藏加工烹调知识也越来越少，把食物的责任交给大工业生产，同时又有强烈的不安全感和不信任感。信息来源过度依赖广告和媒体宣传，更带来观念和知识的混乱，自然容易恐慌。

有人说“吃东西还要动脑子，太累”。但如今食物越来越复杂，“技术含量”越来越高，我们也必须与时俱进。不学习吃的学问，就难以健康生存。

1.5 烹调方式不健康

肉好吃，也要看怎么做

尽管人们总是对蔬菜上可能喷洒农药的事情耿耿于怀，对隔夜的剩蔬菜十分担心，但相比于素菜，荤菜里的麻烦更多。肉类腌制中有可能加入亚硝酸盐，肉类、水产类菜肴中滥用各种添加剂和非食用物质的报道也不罕见，比如碳酸氢钠（即小苏打）、双氧水、明矾、甲醛、色素等。此外，色素、香精、增味剂等，在食品行业包括烹饪行业中也已经广泛应用。漂亮的黄色鸡皮、红色肉汁、黄色鱼翅羹或鲍鱼羹，都很可能是色素的功劳。食用色素对成年人危险不大，但儿童应当慎食。而且添加色素而不告知本身是对消费者的一种欺骗。

拿亚硝酸盐来说，尽管《北京市食品安全条例（修订草案）》已禁止在餐饮业中使用它，但目前无论世界上哪个国家，肉类加工品的工业化生产中几乎都会加入亚硝酸盐。不过，目前肉制品企业普遍添加维生素 C 来帮助肉制品中的亚硝酸盐分解发色，只要生产管理到位，肉制品中亚硝酸盐的残留量可以很低，甚至达到 10 毫克 / 公斤以下，与隔夜剩菜水平相当，远低于国家标准许可的 70 毫克 / 公斤的水平。

但是，即便如此，加工肉制品对于癌症的影响，和剩菜的影响完全不是一个等级。目前没有数据能够证明吃隔夜菜会升高癌症风险；按目前国外研究的汇总分析，每周吃 500 克以下的红肉并不会增加癌症风险，然而吃加工肉制品，似乎没有安全量，升高癌症风险的作用是肯定的。故而美国癌症研究所建议“避免吃加工肉制品”[①]。

[①] World Cancer Research Fund. *Food, nutrition, physical activity, and the prevention of cancer: a global perspective*. Second Expert Report, 2007.

为什么会有这样的差异呢？人们感觉难以理解。一项研究给出了一些启发。这项研究发现，如果把亚硝酸盐和胺类物质放在一个不含脂肪的反应体系当中，然后加入维生素 C，结果是维生素 C 强力抑制多种致癌物的生成，如二乙基亚硝胺的合成完全被阻止。然而，如果在体系中加入 10% 的脂肪，效果就会完全逆转——维生素 C 的存在，不仅不能抑制致癌物生成，甚至还有强烈的促进作用，比如二乙基亚硝胺的合成量增加 60 倍[①]！我看到这个实验结果，感觉非常震撼。

加工肉制品这类美味食品，不仅富含蛋白质，提供了致癌物生成的底物，还有丰富的脂肪，在维生素 C 存在的状态下，进一步促进致癌物的生成。它们比新鲜的肉更加危险，其中的亚硝酸盐已经分解，而致癌物却可能隐藏其中，哪里还能谈得上好处。

从这个研究，我又联想到我们日常所吃的剩蔬菜。如果它是煮菜，焯拌菜，其中含有维生素 C 和亚硝酸盐，但脂肪含量很低，尚不太令人担心。如果是炒菜，其中放油很多，再和肉一起炒，或者菜在肉汤里浸泡着，那么，岂不是提供了合成致癌物的好机会么？

此外，要让荤菜好吃，煎烤油炸等高温烹调都是常见方法，过油更是司空见惯。可是，鱼肉类当中的蛋白质，在加热到 200℃以上时会产生杂环胺类致癌物，而其中的脂肪在 300℃时会产生多环芳烃类致癌物，比如臭名昭著的苯并芘。同时，许多餐馆在给肉类过油时所用的油，也往往是多次加热的油，不仅黏稠油腻，而且含有多种有毒的裂解产物、聚合产物和环化产物。

无论如何，膳食中过多的蛋白质、过多的脂肪都不利于健康。在同样的致癌物水平下，摄入蛋白质和脂肪多的人，受害很可能更大。《中国健康调查报告》中所说的动物性食物摄入过多促进癌症发生的研究结果，与其说是归罪于奶制品，还不如说，提示我们不要过度追求大量动物性食品，不要过分追求油腻厚味的所谓“美食”生活。

---

① Combet E, Paterson S, Iijima K, et al. Fat transforms ascorbic acid from inhibiting to promoting acid-catalysed N-nitrosation. *Gut* 2007, 56: 1678—1684.

1.6 相信吗？一些食品天生就有毒

食品中的毒素你怕不怕？

前些日子网络上风传，番茄里面含有尼古丁，结果引起很多人的惊慌。专家辟谣说，番茄里面的尼古丁含量甚微，和香烟无法比拟。但是，如果下次再传说其他食物中含有尼古丁，您是否会害怕呢？

所以，为了预防今后的麻烦，这里再说说各种食物中的尼古丁。

尼古丁是一种剧毒成分。从小就看到科普书上写着，一匹活蹦乱跳的马，只要静脉注射 8 滴尼古丁，就能令其死亡；一支香烟中所含的尼古丁提取出来，注射到小鼠体内就会令其死亡。香烟的味道会让各种动物和昆虫避而远之，因为它们本能地知道烟草有毒。但是，尼古丁也是一种强烈的成瘾成分，吸烟者如此迷恋烟雾，主要也是因为它的缘故。它令人兴奋，又令人镇静。它升高血压，有害心血管。

其实，除了烟草之外，人们早就发现其他茄科植物当中也含有尼古丁。茄科植物当中，有很多品种都为人类所钟爱并大量栽培，比如美味的茄子、番茄和甜椒，调味品的宠儿辣椒，被欧洲人当成主食的土豆，还有素有保健美名的枸杞，都是茄科门下。甚至早在 1852 年，就有人发现腐烂的土豆中含有尼古丁。

此后有学者对食品中的尼古丁含量进行了测定，发现按干重计算，土豆皮当中的尼古丁含量可高达 14.80 毫克 / 公斤，而去皮土豆中的含量低于检测限（1 毫克 / 公斤）。番茄果实中的平均含量是 2.31 毫克 / 公斤，茄子是 2.65，青椒是 3.15。

听起来，番茄中尼古丁的数量似乎并不低，但由于数据是按干重计算，而番茄含水量高达将近 95%，所以实际含量要除以 20，也就是 0.12 毫克 /

公斤。经过加工烹调之后的番茄产品和土豆产品中，尼古丁含量均低于检测限，基本上可以忽略不计。

按毒理学资料，尼古丁对人体的半致死量是0.1～0.5毫克/公斤，按其低限0.1来算，50公斤体重的人需要摄入5毫克才有生命危险。而要吃进去5毫克的尼古丁，需要吃将近50公斤的番茄才行。去皮土豆中的量更低，即便带皮吃土豆，因为皮所占比例很低，平均含量仍然非常低。所以说，担心吃番茄和土豆造成尼古丁中毒，实属杞人忧天。

令人惊讶的是，尽管绿茶中尼古丁含量较低，但袋泡茶中的尼古丁含量相当可观，研究者测试了两个牌子的国外产品，一个是 15.26，另一个高达 23.52 毫克 / 公斤。不过，因为茶叶所用的量非常少，每天不过是几克而已，和 1 公斤差得太多，每天喝两三杯茶，所得到的尼古丁总量几乎可以忽略不计。

即便含量低，总有些人会担心“万一少量有毒物质长期积累怎么办”。其实无须担心，因为尼古丁在人体内代谢降解速度非常快。否则就没法理解，为何吸烟者每天吸入那么多的烟，如果把每天所吸烟中的尼古丁提取出来做静脉注射，数量远远超过致死量，却能够存活几十年之久。正因为尼古丁是一次少量摄入，然后快速进行解毒代谢的缘故。

还有近期的研究表明，有的蘑菇中所含尼古丁较高。欧盟食品安全局（EFSA）收到的研究资料证明，牛肝菌和块菌等野生蘑菇中的尼古丁浓度高达 0.5 毫克 / 公斤。但进一步的研究发现，其中的尼古丁是菌类自身的天然代谢产物，并不是尼古丁杀虫剂的污染残留。鉴于菌类的每日摄入量很少，其中的尼古丁不太可能对人类健康造成威胁。

人类吃这些食物已经好几百年了，事实证明它们都有益健康，又何必因为尼古丁的传言而怀疑铁一般的事实呢？世界上几十亿人已经为您充当实验小白鼠了。

正好有一项最新研究，可以彻底打消人们对番茄中尼古丁问题的担心——研究证明，对于暴露于二手烟中的怀孕哺乳期的实验动物来说，番茄汁对动物宝宝还有保护作用！研究发现，在出生 42 天时，受到 1 毫克 / 公斤体重剂量尼古丁的影响，新生小白鼠的肺容量和肺泡厚度会有明显下降，而如果同时食用了番茄汁，这种不良影响就会被消除掉，和未受污染的动物达到同等水平。

按照这项研究中所用的番茄汁剂量，每天只需要喝大约1杯半番茄汁（约375毫升）就足以提供足够的番茄红素来保护一个体重60公斤的怀孕成年妇女。所以说，番茄不仅不会带来尼古丁危害，反而能够保护人们，降低被烟草毒害的风险！

所以，听到一种食物中含有某种有毒物质，千万不要立刻惊慌起来。要先问几个问题：

（1）这种有毒物质含量有多高？能达到明显产生有害作用的程度吗？如果含量甚低，基本上无须担心。世界上有毒物质无所不在，关键是剂量多少。即便是砒霜，吃得足够少都不会中毒，甚至还能治病。

（2）含有这种有毒物质的食物，每天能吃多少？是经常吃吗？如果吃的量非常小，或者平日并不经常吃，被它毒害的可能性也就很小，比如烧烤一年吃几次是没事的，经常吃则令人担心。

（3）这种有毒物质在烹调加工中能分解吗？如果它容易分解、溶出，就比较不用担心。比如豆角虽然含有毒素，但煮熟之后就不再威胁健康。

（4）这种有毒物质在体内会长期积累，还是会很快分解排除？如果在体内不会蓄积，则一次没有中毒，今后也永远无须担心。

（5）这种食物中，除了有毒物质，还含有其他有益成分吗？如果其中有益成分含量甚低，营养价值很差，那么一定要远离它；如果它除了微量毒物还含有大量的健康成分，总体效果是促进健康的，比如番茄已经被证明能帮助预防癌症和心血管病，又何必因为小毒而拒绝它呢？

（6）除了这种食物，您还吃了什么其他食物？即便膳食中一种食物含有微量毒素，如果能够配合大量有益食物，保证整体的膳食健康，也无须太过担心。比如说，吃烤肉的同时，还配合大量的蔬菜、水果、薯类等，能够部分消除烤肉中致癌物的影响。

（7）您的整体生活方式健康吗？积极锻炼，快乐心态，营养平衡，新

鲜空气，都能让您提高对付有毒物质的能力！

回答这七个问题之后，相信您对于食品的担心会少了很多吧！

资料来源：

1. Sheen SJ. Detection of Nicotine in Foods and Plant Materials. *Journal of Food Science*, 1988，53(5): 1572—1573.

2. Maritz GS, Mutemwa M, Kayigire AX. Tomato juice protects the lungs of the offspring of female rats exposed to nicotine during gestation and lactation. *Pediatric Pulmonology*, 2011，46(10)：976—986.

@范志红_原创营养信息

或许多年教育的失败之一，就是培养出非此即彼的思维。要么英雄，要么恶人；要么有毒，要么保健；要么可以随便大吃特吃，要么一口都不能吃……这种贴标签式的思维不摒弃，饮食很难健康，科学理性也难以建立。

1.7 重口味流行，慢性病泛滥

中国菜的健康排名还是世界第三吗？

美国名人教练和作家哈里·帕斯杰里纳克写过一本《世界饮食五大因素》，书中罗列了拥有健康饮食的一些国家，其中日本料理排名第一，中国菜排名第三，这个消息让国人相当开心。

这本书是按食物导致肥胖的几率来对各种饮食进行排名的。排名第一的是日本料理，食物导致肥胖率1.5%，国人寿命预期82岁；其次是新加坡果蔬饮食，食物导致肥胖率1.8%，国人寿命预期82岁；排在第三的是中国菜，食物导致肥胖率1.8%，国人寿命预期73岁。

中国菜在海外的名声一向不好，因为美国人所吃到的中国食物主要是中国餐馆中的过了油的高脂肪菜肴。然而，这本书中解释说，实际上中国人吃的东西和美国中餐馆并不一样，在中国菜的主料中，2/3以上是蔬菜、水果、粗粮和豆类，其中包括绿叶蔬菜、根类蔬菜、大豆、生姜和大蒜等，这些食材非常健康。中国人偶尔也做油炸食品，但是更多时候采用的是炒、蒸、炖的方法。

这话令人愉快，但哈里·帕斯杰里纳克所赞扬的，恐怕并不是如今中国人所热爱的味浓油大的餐馆菜肴，而是二三十年前中国家庭的传统烹调方式。那时候，因为富裕程度不高，家庭烹调时油脂用量比较小，荤少素多，而且经常吃粗粮和豆类。当然，那个时候，中国人的肥胖、糖尿病、冠心病的患病率的确非常低。

但是时代变了，饮食也变了。现在人们“不差钱”，以追求口味为唯一目标，根本不在乎做菜多放点油，乐于每日精米白面、鱼肉成盘，早就背离了自古以来的以素为主、食物多样、少油清淡的烹调方式。无论城乡，只有脂肪摄入量一个指标随着经济增长而飞速上升，其他营养素摄入量都止步不前，甚至显著下降。如今国人的肥胖率哪里还是 1.8% 呢？真让我们汗颜——北京的 10 个成年人当中，有 6 个人超重或肥胖，全国超重肥胖人口高达 3 亿人。

最糟糕的是，肥胖甚至已经蔓延到了孩子们的身上。西方人寿研究早已发现，从小肥胖的人预期寿命最短。从小吃着错误烹调的食物，中国孩子们的未来生活质量会是什么样呢？我们民族的未来又会是什么样呢？想一想，能不令人悚然而惊么？

这本书给我们提了个醒：生活富裕之后，更要珍惜和发扬祖先留下的优良饮食传统，像日本人的饮食那样，富而有节制，富而不油腻，富而重养生。再像现在这样发展下去，只能让民族的健康素质不断下降，也让中国烹调在世界上的地位日益降低。

如果我们能够像帕斯杰里纳克书中所形容的中国饮食那样，多吃粗粮豆类，多吃蔬菜水果，少过油，多蒸煮，挖掘和体会清淡食物当中的精致和美味，只是偶尔享受浓味美食的快乐，那么，全民族的肥胖率一定可以大大下降。如果孩子们从小得到这样的饮食，并把好习惯持续一生，或许，在未来的某年，我们可以自豪地说：中国菜不是世界第三，而是世界第一，因为它兼具美味和健康，它喂养出来的民族是最智慧、最长寿的民族。

1.8 好吃的不一定健康，健康的不一定好吃

为什么好吃的食物都不健康？

许多人都相信，健康的饮食可以吃出美丽，可以吃出健康。不过，只要一说到具体行动，很多人又会在健康饮食的门外踟蹰不前——只要想想我们在饼干货架前的向往，在西饼店门口的迷恋，在冰淇淋店里的快乐，在蔬菜摊前，在粗粮摊前，曾有过这样的心动感觉吗？

我们热爱那些甜美、精细、香浓的食物，不喜欢那些苦涩、粗糙、淡味的食物。从我们很小的时候，这种口味就已经形成了。其实，毋宁说，从千万年前人类进化的过程当中，这种口味就形成了。

什么东西会让食物粗糙？不可溶的膳食纤维。也就是那些帮助我们的肠道预防肠癌和便秘的物质。

什么东西会让食物发涩？就是食物中的单宁、植酸和草酸。它们都是强力的抗氧化物质，对预防糖尿病和高血脂有益。

什么东西让食物发苦？是各种甙类、萜类物质和多酚类物质，比如柠檬和柚子当中的柚皮甙，比如茶里面的茶多酚，红酒里面的多酚，以及巧克力里面的多酚。它们都是帮助预防癌症和心脏病的成分，也给食物带来一点苦涩的风味。

什么东西会让食物味道很冲，甚至吃完了之后有臭味？是食物中的硫甙类物质和烯丙基二硫化物，比如萝卜和大蒜。它们对于预防癌症都有帮助。

《美国临床营养学》上的一篇文章总结了天然食品中各种“保健活性物质”的味道，发现它们绝大多数都是苦、涩或刺激的风味。研究者们让消费者们对各种食品的口味进行评价，发现活性成分含量越高，食品的口

味评价分数越低。

这也不能怪人们挑剔。这是因为，上述这些保健成分，也同时有一些副作用——它们在摄入量过大的时候，会妨碍蛋白质、淀粉、钙、铁、锌等营养成分的吸收。在千万年前，甚至只是30年前，人们的确经常过吃糠咽菜的日子，那时候，人们的主要担心不是患上糖尿病、心脏病、肥胖症，而是如何避免营养不良。不难理解，从进化和遗传的角度来说，人体会天生地讨厌这些物质，在接触到它们的时候，人们的感官就会表现出强烈的反感情绪。

也就是说，“保健”性强的食物大多不好吃，犹如“良药苦口”。

反过来，因为祖先整日奔忙却难以糊口，皮下脂肪永远太薄，他们最向往的，就是糖和脂肪，所以，我们天生喜欢油大糖多的食品，比如黄油曲奇，比如冰淇淋，比如奶酪蛋糕。

我们没法责怪祖先留下的口味喜好，因为他们不曾体验过最近20年来食物极大丰富的日子，也不曾因为肥胖和糖尿病而烦恼。

同样，我们也没法责怪食品企业为什么要在生产全麦消化饼干的时候加入30%的油脂，为什么要用多酚类物质含量最低的土豆品种来制作炸薯条，为什么要用柠檬黄色素给加入少量玉米粉的“玉米馒头”化妆，为什么要把天然果汁加上水、糖和香精，兑成只含10%果汁的“果汁饮料”。

这是因为，消费者的选择，就是企业的市场生存权。而无数调查研究发现，消费者的选择，主要是基于味道、价格和方便性这三大因素，而不是健康效果。

大量纤维素的食品，如果不多加油脂，就不可能好吃。土豆中的多酚含量如果不降低，土豆条就很容易发黑，吃起来还很涩口。玉米粉多了，馒头就不可能蓬松，而且质地较粗……那么，消费者就会对它们敬而远之，这些产品本身，就会黯然退场。

也就是说，那些“好吃”的食物，通常在同类产品中，保健成分含量偏低，同时，由于脂肪和糖分高，其中所含的能量必定偏高。

营养好的东西不好吃，好吃的东西营养差，好像成了一个定律。

不过，一位网友的话让我相信，或许这个美食与营养的两难，并不那么难以拆解。

她说：“原来，我最讨厌食物中的涩味，吃核桃仁的时候，一定要把那层褐色的皮去掉。后来听你说，那皮里抗氧化物质很多，我就试着不去那层皮。没想到，吃惯了居然觉得很美味。后来发现，核桃仁的妙处，正在于皮的涩味加上肉的甜香那种奇妙的混合。如果去了涩皮，核桃还是核桃吗？和花生又有什么区别呢？”

人的饮食，除了健康的意义之外，还有感官的享受，心理的满足，以及社会文化的意义。美食永远是生命中最有魅力的体验之一，而假如能够让健康与美食兼得，能够体验天然食物中那一点点苦涩，并把它变成一种美感和情调，那就堪称是饮食的最高境界了。

1.9 找到你的健康短板

饮食中最大的危险在哪里？

我们不能肯定地说，少量食用一点放了添加剂的加工食品肯定会引起癌症。蔬菜上面有少量农药残留，也不能肯定地说，吃了这些蔬菜就一定会引起慢性中毒。在一个发达的社会当中，政府和研究者总会尽量减少人们生活当中的健康风险，哪怕危害并不十分确定，哪怕后果只能在多年之后产生。可是，如果蔬菜当中完全不含农药，辣椒酱中完全不含色素，人们的饮食果真就会远离不健康的因素吗？

科学家早就警告，烧烤煎炸食品当中含有有毒致癌物质，甜饮料、甜食糕点、小食品当中有多种不利于心血管健康的因素，然而人们仍然对烤肉和炸鸡情有独钟，仍然对甜饮料、零食爱不释口。

研究早已证明，营养不平衡、热量过剩、缺乏运动、吸烟酗酒等因素是慢性疾病发生的主要原因，因此肥胖症、糖尿病、心血管疾病等均被称为“生活方式病”。近年来的营养学研究证实，缺乏维生素和受到射线辐射一样，可以造成DNA的损伤，从而增大癌症的发生机率；运动不足则是造成糖尿病等慢性疾病的重要诱因。可是，注意节制饮食、常吃粗粮豆类的人寥寥无几，坚持运动健身的中年人更是少得可怜。

为什么人们会对食品中的色素、农药甚至味精耿耿于怀、如临大敌，却对生活中那些更大更确定的危险视而不见、安之若素呢？早在20世纪70年代，就有食品学家分析了这种心态。他指出：人类对自己选择的危险具有强大的接受能力，而对于他人强加的风险极度敏感。人类能接受骑摩托和飙车的巨大风险，却不能忍受数量甚微的食品添加剂；一个乐于登山越野的勇士，却可能因为食物中放了一点味精而拒绝购买。

另一个常见的大众心态是，在遇到麻烦的时候，人类倾向于把错误推给别人，而原谅自己的不明智行为。人们热衷于寻找肥胖基因，说自己“喝凉水都长肉”，或指责肉类当中的激素让人发胖，却不肯承认缺乏运动和饮食过度才是自己肥胖的真正原因。在不愿改变生活习惯的情况下，潜意识当中便希望通过挑剔食物品质来弥补健康上的损失，树立自己注重生活品质的心理形象。

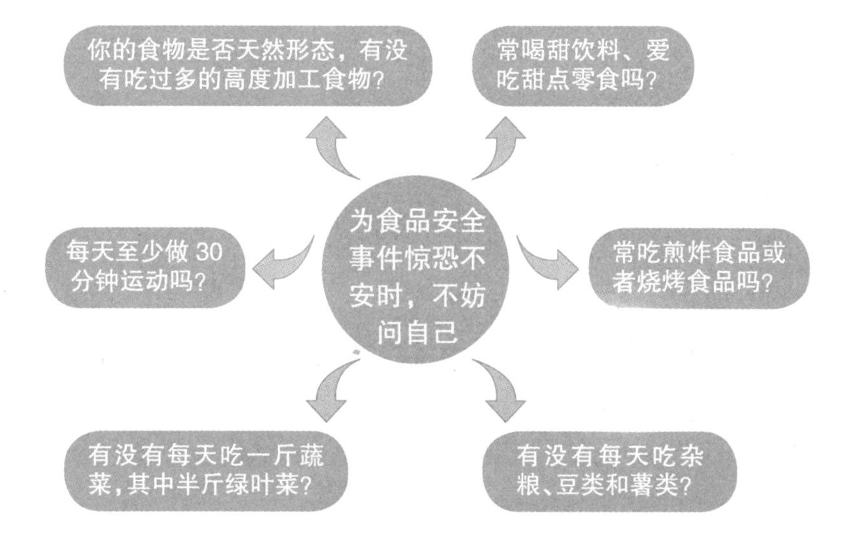

真正明智的消费者知道饮食中的最大风险在哪里，从而抓住主要矛盾，守住关键控制点。食物中的少量污染物质是消费者所无法预知和检测的，与其草木皆兵、惊慌失措，不如把心态放平和一些，选择天然、新鲜、多样化的食品原料，注重一日三餐的营养平衡，过有充足户外活动的生活，因为这些才是守护健康的最大秘诀。

饮食不健康，为何还长寿？

网友 shepherdess 留言说“在网上看到一段话，真是吃了一惊”：

> 某作家出差新疆，打听著名长寿之乡和田的长寿之道。一个100多岁的维族老人用不流利的汉语说：早上中午各一个玉米面的馕，晚上不吃馕。晚上为什么不吃？是因为“没有”。老人说：也想吃牛羊肉，可没有。另一位95岁老人，50岁前没得过什么病，只是近几年偶尔患感冒。她早晨喝茶、吃馕，中午吃拌面、汤饭和馍馍，晚上吃半个馕。

答案有点让人大跌眼镜。和田地区处于沙漠边缘，蔬菜种类不多，日常饮食是馕，配上糖分很高的瓜果和果干（葡萄干、杏干、桑葚、无花果之类），肉类应该只是偶尔为之。当地人的生活，怎么都感觉不那么“健康”：没看到绿叶菜，没看到蘑菇，更没看到鱼。提到的肉都是红肉，而大量吃的瓜果都是哈密瓜、葡萄这些糖分高的……

“不理解啊不理解……真是疯了，这样的饮食难道不是该被批判的吗？怎么还会长寿呢？”她问。

我说：不，这些老人的生活方式比我们健康多了。他们的健康生活方式，我们恐怕是难以企及的。比如说：

——这些老人通常日出而作日落而息，不熬夜上网、加班赶工作。仅此一项已让身体组织的修复功能保持正常状态，从而极大消除癌症危险。

——这些老人住在阳光照射极为充足、紫外线强烈的地方，一辈子没有接触过防晒霜。他们没有听说过皮肤癌为何物，却能够保证体内非常高的维生素D水平。最新研究有力地证实，体内维生素D水平和免疫系统功能，抗感染能力，特别是癌症风险，有着极大的关联。都市人本来就少见阳光，出门还要用防晒措施，很多人都处于维生素D缺乏状态，免疫系统功能削弱，癌症风险随之上升。研究证实，维生素D是唯一一种能够有效延长寿命的营养素，绝非虚言，在维族老人的身上得到了充分验证。

——这些老人一辈子辛勤劳作，没有一天做沙发土豆。运动对于促进血液循环、提高免疫功能、强化骨骼肌肉的效果，可以说比任何补品都要强。

再加上充足的维生素D促进钙吸收，素食为主，钾含量丰富，蛋白质不过量，因而钙排出量较少，所以你不会看到他们有骨质疏松的迹象。因为有足够的运动，他们吃高糖分的水果，血糖也不会过度升高，身体也不会发胖。

——这些老人天天呼吸极为新鲜、氧气充足的空气，没有尾气污染、装修污染。周围没那么多电磁污染、工业废气，是我们只能梦想的环境质量。

——这些老人心态平和自然，精神压力很小，不用每天为加班而紧张，为挤公交地铁、上班怕迟到而焦虑，为自己的名利收获比不上别人而沮丧痛苦。研究证明，坏情绪比饮食质量更能降低免疫系统功能，促进癌症的发生。

——这些老人吃不到大量的蔬菜，但通过吃瓜果可以得到足够的抗氧化物质、维生素C和钾元素，在某种意义上弥补了不吃菜的损失。桑葚、无花果都是营养价值非常高的水果。哈密瓜和西瓜中钾非常丰富，葡萄干里面还有较多的铁。这些水果都是新鲜天然产品，没有加糖、加脂肪、加香精，而且没有经过长途运输，比我们所吃到的水果和水果产品更为健康优质。

——这些老人吃不到高度加工食品，所有食物都是天然状态。因为经济限制吃不起过多的肉，用不起过多的油脂，蛋白质和脂肪从不过量，食品中各种污染物质都很少，再加上足够的运动，慢性病和癌症的风险自然很低。

——老人们的饮食都不过量，每餐定量，并不会暴饮暴食。这里所说用玉米面做的馕属于粗粮，普通的馕是小麦粉做成，其中的矿物质经过发酵之后便于吸收，而维生素含量也在发酵之后升高。他们用来做馍馍和馕的面粉不会像我们这么精，没加入过多的氧化剂，所以营养质量比我们的白馒头更好。长寿老人通常不抽烟，饮酒很少，没有任何不良嗜好。

说到这里，我想大家都明白了，健康生活不是一个概念，早上必须喝豆浆，晚上必须喝牛奶，等等。它是一个综合的生活方式，由很多方面构成。我们往往过度强调饮食的重要性，却忽略了运动、阳光、睡眠、空气、压力、心情等等其他重要的因素。这些正是维族长寿老人给我们的重要启示。

大家不妨反思一下自己的生活，到底哪一项做得不够好？饮食不够好就调整饮食；运动太少就增加运动；睡眠不好或睡得太晚就改改作息时间，提高睡眠质量。只要有效延长健康生活的“短板”，你的健康就会切实受益！

1.10 食品安全对策

如何使饮食更安全？

某杂志就食品安全问了几个问题，或许很多朋友都有类似的问题，故而把答案整理之后，再发到微博上，大家一起参考和讨论。

Q：现在我对于食品安全很不放心，有没有什么办法可以让自己减少受污染的危险，吃得放心一些？

A：尽管媒体经常爆出一些假冒伪劣食品，但它们绝大部分都是一些低价劣质食品，其实正规超市里有QS标志、正规企业生产、正常价格的产品，并没有想象中那么危险。只要我们注意以下几个环节，就可以最大限度地减少食品当中污染物的危害，让自己的身体尽情享用食物中所含的健康成分。

（1）购买环节

首先当然是要着重挑选食品的方法来提高安全性。虽然不能做到全部购买有机、绿色认证食品，至少应该尽可能选择天然形态的食物，它们的食品添加剂含量最少。这样做可以避免绝大部分食品添加剂的摄入机会。不过，很多人还担心天然食品中的农药残留，这就要第二步来解决了。

（2）烹调环节

水果削去表皮，可以减少表面残留的保鲜剂和大气污染物。对于叶类蔬菜，可以在调味、炒、煮等操作前，把食材先焯烫一下。倒掉焯菜水，可以去掉其中大部分农药。远离煎炸熏烤，炒菜时不要满锅冒油烟，避免自己在厨房里制造污染，也是保障健康的重要措施。

（3）营养平衡环节

无论如何努力，都不可能把所有污染物拒之于体外。好在人体还有解毒和排毒能力。摄取足够的维生素、矿物质，可以提高人体的解毒能力；

摄入充足的膳食纤维，包括粗粮豆类和蔬菜水果所含的膳食纤维等营养素，可以帮助身体从大肠排除部分污染物质，也就间接地提高了饮食的安全性。

（4）生活方式环节

最后，必须通过综合的健康措施，让身体拥有可以对抗外来毒性的强大能力。例如，经常运动健身，可以通过改善血液循环来提高人体对各种毒物的处理能力；充足的高质量睡眠，能够强化人体的免疫系统，及时消灭因致癌物而变异的身体细胞，把癌细胞扼杀在萌芽状态；坏心情会大大降低免疫功能，让人体对各种污染更加敏感，所以保持安宁乐观的心态，对于提高人体的抗污染能力也是绝对必须的。

@ 范志红_原创营养信息

【从积极方面看食品】30 年前，很多食品根本没有安全标准，也没有国家抽检；后来有了标准，再后有了抽检，如今检测结果能向社会公布了……这是好事，是进步！要学会承受这些公开透明的消息。如果检测结果 100% 合格，还要检测抽查干什么？但如果公布检测结果就会玉石俱焚，毁掉一个行业，政府如何敢公布？

【饮食安全之道】任何食物都有安全风险，我们只需要做到（1）食物多样，不盯着一种东西过量吃（2）尽量吃天然形态食物（3）植物食品永远多于动物食品（4）多吃营养素密度高的食物（5）积极锻炼身体，提高代谢能力（6）保持乐观积极心态。忧虑惊恐沮丧的情绪，比多数食品安全事件更能损害我们的健康。

天然食品最安全

每当我说要注意健康饮食，总会有人问：食品都这么不安全了，吃什么还不一样？你作为消费者，购买食物时是怎么想的？难道不怕各种安全问题？

这里，我就把自己在《北京青年报》访谈中和读者交流的问答给大家分享，或许可以减少一些对食品安全问题的焦虑心情。

网友：听说你们营养专家都吃自己种的菜，自己养的猪的肉，都没有污染？

答：我没干过自己种菜养猪的事，而且在这个地球上，没有污染的地方已经找不到了，绝对无污染的食品不存在。科学考察证明，连南极磷虾也已经被人类合成的农药污染。美国的测定发现，鲸鱼的肝脏里面最多含有超标 1,000 倍的汞。这些东西不是人工养殖的吧？有人总是说，因为食物不是纯天然情况下长起来的，所以我们会有这么多的慢性病，这是推卸责任。

食物污染不污染不以我们的意志为转移。我也是环保主义者，支持减少资源消耗、垃圾回收，希望减少环境污染，但环境问题不可能在一两年中解决。

在这种情况下，要树立这样的想法：别人的事情可能我左右不了，但在我控制范围内的事，我一定要做好。虽然现在的菜都是施化肥种出来的，但吃蔬菜比不吃蔬菜健康一些，所以我还是要多吃菜。尽管现在的牛奶生产不是纯天然的方式，不是在牧场里吃草的奶牛，是人工饲养的，但我喝一杯酸奶，还是能够供应不少的钙和维生素，所以喝的时候也没有什么不愉快。

千万不要说反正食品都污染了，吃什么都无所谓。想一想，尽管大家吃的东西都是农贸市场、超市买的，为什么有人不健康、有人健康？有人胖、有人苗条？你要考虑一下：我自己哪里做得不好，营养搭配是不是有问题，运动是不是太少。

网友问：你自己是怎么购物的？

答：我个人的做法可以和大家沟通一下。我们家买食品都是我负责，我认为自己的选择会比较明智。优先选天然的食物，肯定是没有错的。如果可能的话，买产地环境质量最好的产品，买绿色食品和有机食品认证的产品。

我在超市缴款、排队，看看别人买的东西，对比自己买的东西，经常会非常感慨。因为我看到很多朋友的购物筐里2/3以上都是高度加工的食品，都是包装漂亮的高度加工食品，像饼干、薯片、速冻食品、甜饮料，都是加工过的，有牌子的，很多是吃起来香脆可口的食品。他们的购物筐里，天然形态食品的比例是非常低的，他们不愿意买这样的食品。而我和他们正相反，购物筐中大部分都是天然形态的食品。饼干我一年从不问津，薯片我不吃，可乐从1996年之后再也没有喝过。

如果你连蔬菜、牛奶、粮食的安全性都担忧的话，后面的这些加工的东西你就更该担忧了，因为食品加工厂家用的加工原料未必比你买的质量好。你买的原料都是你所能找到的最好的原料，至少是看起来最新鲜的；而工厂进货的原料品质未必能够达到你买菜、买粮食的水平。在加工过程中会继续损失营养素；在加工过程中，为了改善口感和风味，会添加膨化剂、乳化剂、调味剂等，添加油、糖、盐、香精、色素等，让你觉得这种东西好吃。可以说，加工环节越多、加工程度越高，我们应该对它越担心。

在现实中，我们的生活方式已经非常不天然了。现代人生活在人工的气候环境当中，生活在人工的光照环境当中，使用各种合成品，食物几乎已经是人类和自然的最后联系。如果我们切除了原生态食物这一中介环节，也许也就彻底切除了与大自然的联系这最后一道防线了。

无论在东方还是西方，人们最初都是靠简单的食物和简单的加工方式来获得生命的能量。现代工业的发展，丰富了人类的食品种类和美味，同样也带来了改变自然食物成分的工业化高度加工食品。这些产品有它们的存在意义，它们让饮食变得更简单、更方便，但它们只是应急食品，或者偶尔换换口味的食品，而不应当成为饮食的主体。在现代社会，在享有现代文明的同时，尽量使食物最接近于原生态，这是我们目前最好的生活方式。

讲营养＝做环保＝保障食品安全

进了超市，你可能会随心所欲地把食物扔进购物车，在意的只是它们的价钱和重量。其实，换一种思路，它们还可以用其他方法来定量衡量，比如其中的营养素数量，比如其中的污染物数量，比如生产过程中所消耗的资源数量，比如生产过程中所消耗的能量，比如消费之后所扔掉的垃圾数量。

举个例子，一袋饼干，主要原料是面粉、葡萄糖浆、氢化植物油、鸡蛋、脱脂奶粉……这些原料归根结底来自于田园。耕种小麦得到面粉，种植玉米，提取淀粉，然后经过水解制成葡萄糖浆；种植大豆，榨取豆油，然后催化氢化成为类似奶油的状态；种植玉米和大豆，制成饲料，养鸡收集鸡蛋，养牛收集牛奶，再干燥制成奶粉，等等。

在种植过程中，需要耗费大量的水资源，耗费化肥、农药、电力；养殖过程不仅消耗饲料，而且会带来水污染，并且制造出更多的二氧化碳。据悉尼大学研究者的计算，生产一袋150克的猪肉，要耗费200立升的水资源，还会制造出5公斤温室气体污染。

据生态专家测算，如果人们能够选择以植物性食物为主、少量食用动物性食物的健康饮食方式，与欧美的饮食方式相比，总的化肥农药用量可以降低一半以上。

在食品的加工过程中，同样需要耗费大量能源和水资源。例如，如果不把配好的面糊放进极其费电的高温烤箱中焙烤，又怎能吃到香脆的饼干呢？其中使用的各种食品添加剂，均需化工厂生产，废弃物处理不当也会造成环境污染问题。

有人指出，将面条蒸熟然后油炸脱水，最后用沸水冲泡成为方便面，较直接煮面相比，能耗要高出3倍。更有环保主义者指出，将速冻饺子在-18℃下储藏3个月之后消费，消耗的能量较煮饺子本身高出10倍以上！如果少选择方便食品，而是在家直接用新鲜原料烹调，多吃烹调时间较短的蔬菜水果，则可以最大限度地减少能耗，同时也获得了新鲜食品中的更多营养素和保健成分。

很多人对食品中的防腐剂和其他添加剂十分恐惧，却忘记这些物质往往是为了加工和储藏的需要不得不添加的成分。如果人们不需要买长期不坏的食物，如果人们不需要长久不变的诱人口感，岂不就不再需要大量使用它们，从而减少了化工污染么？

食物的包装，需要使用层层塑料袋，而它们是消耗石油制成的化工产品。食物的运输，需要大批车辆，而它们同样会消耗来自石油的汽油和柴油。以北京市民为例，每天扔掉的塑料垃圾占垃圾总量的40%以上，而其中一半是食品包装袋和超市购物袋。如果能够较少选择那些复杂包装的加工食品，多选购包装简单的新鲜食物，食品包装垃圾的数量自然会大幅下降。

减少增加多种疾病风险的加工肉食，多吃新鲜的蔬菜水果；少选择可以马上放进嘴里的高度加工食品和方便食品，多选择天然形态的食物原料——这不就是营养学家反复提倡的健康饮食生活吗？如果反其道而行之，罹患慢性疾病之后，还要消费药物，甚至需要手术治疗。谁都知道，医疗是高耗能行业，药物则会带来化学污染，医疗废弃物处理不当还可能带来生物性污染。

讲营养，就是做环保。而节省资源，节约能源，减轻污染，有助于保障食品安全，还能预防多种疾病，减少医疗资源的浪费——如此利己利人之事，何乐而不为？

第二章　要吃出健康，营养平衡最重要

2.1 营养比安全重要

营养好，解毒能力就更强

要吃出健康，一个重要的办法在于提高自己的抗污染能力。其实，我们的身体适应性非常强，它有强大的解毒能力和排除毒素的能力，但这种能力需要我们去维护。

人体的解毒其实从口腔就开始了。咀嚼的过程中，食物与唾液一起混合，已经能够对一些毒物进行初步的解毒。在胃里面，胃酸帮助杀灭细菌，也帮助灭活一些不利于健康的蛋白质成分。小肠是吸收的场所，吸收入血的物质会被送进肝脏，其中营养成分由肝脏来分配到全身各处，或者储藏起来；有害成分则在肝脏进行解毒，然后再送到肾脏，从尿液排出。没有吸收的物质则进入大肠，和粪便一起排出体外。

可见呢，人体对于食物中的各种有害成分是有处理能力的。并不是说，吃进去一些有毒的物质，就一定会造成中毒，引起癌症。健康而有活力的人，身体代谢机能旺盛，解毒能力也比较强。儿童、病人和老人则要低得多，特别是消化系统、肝脏和肾脏功能出现问题的人。

大量的毒物一次性地进入人体，会带来严重的中毒反应，这就是所谓的“急性中毒”反应。但一般来说，如果食物的样子、气味、口感基本正常，其中含有大量有毒物质的可能性很小。至于各种食品添加剂，只要是国家许可使用的品种，毒性都很低，也不至于引起急性中毒反应。

少量的毒物进入人体之后，由于人体有排毒和解毒的功能，并不一定带来实质性的危害；但是，如果经常性地摄入少量的毒物，而且这个数量超出了人体解毒和排毒的能力，就可能带来蓄积性的毒性，从而产生损害健康的后果。还有些毒物哪怕吃的数量较小，达不到中毒的水平，也有致癌或致畸的作用，实际上，这才是我们该忧虑的事情。比如说，欧洲某些国家所生产的奶粉和奶酪中，都曾经出现过一种叫做“二噁英”的有毒物质。它是环境污染的产物，毒性极其惊人，具有致癌和致畸效应，而且很难从身体当中排出去。

那么，怎样才能促进这些有害物质的解毒和排出呢？所谓解铃还须系铃人，毒物是吃进来的，解决方法也在食物当中。很多营养素在解毒过程中会帮助我们，还有很多保健成分也会护卫我们免受毒物的困扰，而错误的饮食则会降低身体的解毒能力。

比如说，在毒物的解毒代谢过程中，往往需要多种 B 族维生素来帮忙，所以缺乏这些维生素，可能会降低解毒能力。维生素 C 和某些蛋白质能够与汞、铅等重金属结合，促进它们的解毒。硒元素是谷胱甘肽过氧化物酶的重要成分，少了它，身体的解毒功能会下降；一些硫蛋白也是重要的解毒机构，它们会和一些重金属毒物结合。

还有很多研究发现，钙元素缺乏的时候，铅污染所带来的危害会更加严重。这是因为身体往往把无法处理的铅存入骨骼当中，让它成为一种不活动状态，减轻其毒性；可是，如果钙不足，身体就可能随时从骨骼这个庞大的钙库当中调出一些钙，结果呢？那些存入骨骼被“冷藏”的铅，就一起被调动出来，进入血液发挥毒性作用。所以，营养专家经常劝告那些血铅水平较高的孩子，应当适当补充一些富含钙的食物。

还有一些食物中的有毒成分本身并不会在体内积累，但是可能转变成有害物质。比如不新鲜蔬菜和腌菜里面常见的亚硝酸盐，少量吃的时候并不会引起急性中毒，却可能和蛋白质氨基酸的分解产物结合，形成一种叫做亚硝胺的致癌物。要想避免这种物质的形成，就需要同时吃一些富含维生素 C、维生素 E 和其他抗氧化成分的蔬菜水果和坚果。它们能够阻断亚硝胺，从而保护我们，减少胃癌和食道癌的危险。

食物中的纤维是人体不能吸收的成分。虽然只是“穿肠而过”的东西，但是很多人不知道，它们可是促进“排毒”的好东西。不溶性的纤维，也就是像蔬菜中的筋、粗粮中的糠麸一类的东西，可以裹挟着一些有害金属离子排出体外；可溶性的纤维，也就是像海带、木耳、果皮中的胶质类物质，可以裹挟着一些不溶于水的致癌物质离开人体。生活中多吃一些富含纤维的食物，通常都有促进有害物质排出的作用。

相反，如果一味地追求大鱼大肉，很少吃蔬菜水果、粗粮薯类，就会增大自己受到污染之后的危害。也有实验证明，在同样的致癌物数量下，那些食物中纤维很少的人，食物不新鲜的人，将会首先受害。

有些消费者因为害怕农药而厚厚地削皮，剥去外层的叶子，拼命泡洗揉搓蔬菜和粮食，不敢吃青菜，不敢喝牛奶，却忘记食物中的营养物质才是进餐的根本目的。国内外医学研究都证明，缺乏维生素、矿物质和受污染对人体的危害一样严重。

一项研究当中，把一组小鼠放在放射线下进行照射，结果小鼠的 DNA 受到了严重的损伤，白细胞含量下降，不仅免疫力受损，而且有致癌危险。把另一组小鼠放在没有放射线的环境当中，但是给它们吃严重缺乏维生素的食物，结果发现，这一组小鼠也出现了 DNA 的损伤，也有白细胞下降的问题，其表现和受到放射线照射的小鼠很是类似。于是研究者语出惊人：营养不良等于受辐射！我们自己想一想，如果不好好注意饮食营养问题，是不是也会变相受到辐射污染呢？

@ 范志红_原创营养信息

安全和营养都是食品的基本属性。但安全只是前提，不是饮食的目标。饮食的目标是摄入身体需要的各种有益成分。如果这些成分不存在，或者比例不合理，即便安全如纯净水，人也必然营养不良而死。

我国多数国民现在对营养还缺乏意识，国人的营养状况比食品安全状况要糟糕很多，却少有人关注。所谓营养过剩是个不准确的说法。大部分人只是脂肪过剩，部分人蛋白质摄入过多，极少有人钙过量、维生素 B 族过量、维生素 A 过量的……绝大多数人自以为吃得很好，其实微量营养素仍然处于不足状态。一边肥胖一边缺钙缺铁的多了。

2.2 要平衡营养，先选对食物

1. 主食

主食怎么选？

按照“五谷为养”的原则，主食类是人一天当中摄入量最大的食物类别，所以它们的营养质量对于人一天当中的营养供应也最为重要。对于一个活动量不是很大的成年人来说，每天摄入250～300克主食即可满足身体的需要。

中国人的主食花样之丰富，恐怕是世界少有。加工方法千变万化，选择起来往往会感觉迷惑，或者索性跟着感觉走而迷失在感官的享受当中。这里提出几项原则，也许对于人们明智选择主食有所帮助。

第一个原则：清淡少油为好。

粮食的特点是淀粉多而脂肪极少，含钠量也非常少，比较“清淡”。这种清淡的主食，配上味道丰富的菜肴，恰好能够为人体提供均衡的营养。东方饮食的最大优点之一，就是用清淡的主食搭配味道丰富的菜肴。如果该清淡的主食不清淡，就不能很好地发挥它固有的营养作用，甚至有害无益。

眼下各种“花样”主食，比如餐馆中提供的油酥饼、抛饼、肉丝面、鸡汤米粉、馅饼、小笼包、油炸馒头、油酥饼、炒饭、肉饺等“美味主食”，无论其外形和名称如何，往往有一个共同特点：加入了盐和大量的油脂，特别是肉馅和抛饼当中的脂肪以饱和脂肪为主，对于心血管的健康非常不利。在富裕的生活条件下，人们从味道过浓过腻过咸的菜肴中已经摄入了过量的脂肪和盐，如果主食再带来一部分脂肪和盐，必然会加剧这种过剩趋势，为身体带来极大负担，其危害不可小看！

因此，餐桌上的主食还是选择不加油盐的主食品种为好。

第二个原则：种类多样为好。

人们在膳食当中普遍偏爱精白米和富强面粉，无论是面包、点心、各种面食和米制品，几乎都是用精米白面做成。这种饮食看起来花样繁多，实际上过于单调。并且，在米和面的精磨加工当中，谷粒当中 70% 以上的维生素和矿物质受到损失，纤维素损失更大。

主食的任务是供应碳水化合物。所以富含淀粉和糖的食物都可以列入主食的候选。同时，主食也能给膳食提供1/3～1/2的蛋白质，所以蛋白质含量过低的水果蔬菜都被排除在外。这样算来，各种粗粮、淀粉豆、薯类和少数富含淀粉的蔬菜都可以当作主食，以补充精米白面当中缺乏的养分，对人体益处极大。

豆类含有丰富的赖氨酸，可以与米和面的蛋白质发生营养互补，其中的B族维生素也正是精米白面所缺乏的养分。粗粮因为没有经过精磨加工，可以为人体提供较多的矿物质、B族维生素和纤维素。薯类里不仅含有较多的维生素、矿物质和纤维素，而且含有谷类所没有的维生素C。拿山药、芋头、红薯等薯类食品当主食时，只需要把握4:1的比例，也就是说，大约吃3～5斤薯类相当于吃1斤大米的淀粉数量。因为薯类毕竟水分太多，不能和干巴巴的大米直接相比。甘薯和大芋头的系数大约是3，土豆是4，山药和嫩芋头是5。

还有一些人们不认为是主食的食品，比如藕、葛根粉、豆薯、荸荠、菱角。它们都含有淀粉，也有一部分蛋白质，和薯类相近，所以也都可以算在主食的份额当中。藕和土豆的成分比较相近，蛋白质的含量和质量都不逊于大米。

选择“另类”主食来替代白米白面，好处是显而易见的。它们几乎都有自己的“绝招”。比如说，土豆的维生素 C 含量堪比番茄，而藕的维生素 C 含量比土豆还要高。菱角、荸荠、红薯、芋头都含有一定量的维生素 C，至少比苹果多。与精米白面相比，它们的 B 族维生素含量也比较高，而且个个都是富含钾的食品。如果用它们替代白米，同样吃饱的程度，主食中提供的钾就多了好几倍。

最要紧的是，这些食品所含的抗氧化物质和膳食纤维，都是白米白面所难以比拟的。比如说，按同样淀粉含量来算，藕的不溶性纤维含量是精白粳米的12倍以上。其中所含的多酚类物质丰富，白米难以望其项背。

对于需要控制总碳水化合物的糖尿病人和减肥者来说，吃这些“另类”主食一定要注意，需要扣减“传统”的白米白面主食。无论你吃排骨炖藕也好，清煮荸荠也好，还是凉拌蕨根粉也好，都别忘记，这是在吃主食呢！一日的总碳水化合物数量是不能额外增加的。

运动不多的人，特别是中老年人，每天摄入的食物数量较少，更应当注意品种的多样化和营养质量。每天最好能够吃到一两种粗粮，而且其品种经常调换，有利于维持膳食营养平衡。

只要充分利用现代生活当中的加工便利，不难把这些富含纤维素的主食变成美味可口的美食。例如，用高压锅把各种豆类和杂粮煮成美味的粥食，或者购买粗粮粉加上全麦粉，加上鸡蛋和蔬菜制成美味的杂粮饼，或者选购已经加工好的全麦面包、杂面条、粗粮馒头等食品，都可以让人们方便快捷地实现主食的多样化要求。

第三个原则：血糖指数低为好。

随着年龄的增长，许多人体重增加，血糖上升，出现胰岛素抵抗等状况。因此，选择主食应当格外重视血糖指数的高低。

所谓血糖指数，就是指吃了含淀粉或糖的食物之后，血糖升高的速度与同量葡萄糖的比值。一般来说，血糖指数低，意味着葡萄糖吸收速度较慢，血糖不会大幅度波动，对于控制血糖稳定、减少胰岛素大量分泌很有好处。

选择不同的粮食、用不同的烹调方法处理之后，血糖指数就不一样。精白米、富强面粉、白面包、米糕、米粉、年糕、精白挂面、点心面包、甜蛋糕、甜饼干等人们经常吃的食物，都属于典型的高血糖指数食物，消化吸收速度极快。对需要减肥的人而言，这不仅会促进脂肪合成，还会让人食欲大增；相比之下，粗粮、豆类的血糖指数较低，消化速度较慢。

此外，质地疏松的发酵食品、膨化食品消化吸收速度快，而质地紧密的通心粉、炒米、干豆类等消化吸收速度较慢。

要降低血糖指数，需要注意选择含粗粮、杂粮的食物，而不是只吃精米白面。燕麦、荞麦是经典的低血糖指数食品，把粮食类食物和牛奶、鸡蛋、豆类、豆制品一起食用，或者加醋佐餐，也有利于降低血糖指数。此外，要尽量避免吃加糖的主食。自己制作甜味主食的时候，最好加入木糖醇、低聚糖等非糖甜味剂。

第四个原则：营养质量为重。

随着年纪增长，人体的食量减少、咀嚼能力较差，营养吸收能力下降，却需要更多的营养素来与身体的衰老作斗争。食量少的人经常容易发生缺钙、缺铁、缺锌、缺维生素等现象，这就对食物的营养质量提出了更高的要求。

目前市面上有很多营养强化的主食，包括强化钙、铁或锌的面粉，强化维生素 B 族的面包，强化多种营养素的挂面等。这些食物都可以作为成年人主食的选择。

有了清淡少油、种类多样、低血糖指数和营养强化四个原则，再采用容易消化的烹调方法，就足以保证主食选择的健康。

@范志红_原创营养信息

大部分豆子泡一夜就可以正常煮粥，极少数厚皮品种可能需要泡一整天。电饭锅是为白米饭设计的，对煮豆子不合适。建议先把大批豆子加水煮到半软，取出，分几份；然后取一份和白米混合煮饭，用电饭锅即可。其他份在冰箱冷藏1～2天备用。

儿童也可以吃粗粮，宜制作得柔软些，适量搭配到食谱当中，但不能替代富含蛋白质的食品。从能量摄入角度说，瘦小能量不足的，应达到基本需求，侧重增加粗粮。超重肥胖的控制饮食，主要是控制细粮。孩子有适应过程，要逐渐增加粗粮摄入。在减少胃肠不适的情况下，通过粗粮细作，精心加工，让孩子越早适应粗粮，成年后就越容易适应健康饮食。

2. 蔬菜

怎样吃菜最健康？

某杂志的编辑就有关健康吃蔬菜的问题要求采访，一口气问了几个问题。

Q1：为什么说蔬菜具有防病的功效？

有关癌症、心脑血管疾病、糖尿病、骨质疏松等各方面的多个营养流行病学调查均证明，蔬菜摄入量与这些疾病的风险呈负相关。也就是说吃菜多的人患这些疾病的风险较小。

Q2：是否颜色越深的蔬菜越有营养？

天然植物中颜色最深的品种通常都是营养价值最高、保健特性最强的品种。比如黑米的营养价值和抗氧化能力大大高于白米，黑小米高于黄小米，黑芝麻高于白芝麻，黑豆的抗氧化指标是黄豆的几倍到十几倍，白色豆子则最低；在蔬菜当中，深色蔬菜往往会比浅色蔬菜健康价值更高，比如西兰花高于白菜花，深绿色的白菜叶高于浅黄色的白菜叶，紫茄子高于浅绿茄子，紫洋葱高于白洋葱，深红色番茄高于粉红色番茄；对于同一棵菜来说，深色的部分也比浅色的部分营养成分和保健成分含量更高；水果也是一样，紫葡萄高于浅绿葡萄，黄桃高于白桃，黄杏高于白杏，红樱桃高于黄樱桃。

这是因为，植物中的各种色素都具有相当出色的健康价值，特别是强大的抗氧化作用。而色素较高的植物，其抗病性往往更强，营养成分也更为出色。

Q3：说到蔬菜保健，人们首先想到的是大蒜、洋葱、芦笋、牛蒡等，它们是保健作用最强的品种吗？

大蒜、洋葱的效果没有那么神奇，而我国居民所吃芦笋、牛蒡的量通常也不是很高。用来炝锅的大蒜经过油炸意义不大。相比而言，多吃青菜的意义要大得多，所以中国营养学会推荐人们每天吃200克以上的深绿色叶菜。越是深绿的叶子，叶绿素含量越高，营养成分越多，抗突变、减少致癌物作用的功效也越强。

Q4：除了抗癌之外，蔬菜还有哪些防病和保健效果？

绝大多数蔬菜都有降低癌症、心脏病和糖尿病风险的作用。其中绿叶菜作用是最大的，但被人们严重低估和忽略了。最新研究证明，深绿色叶菜对扩张血管、降低血压起着不可忽视的作用。对于老人来说，绿叶菜中的钙、镁、钾和维生素 K 能帮助减少骨质疏松和骨折风险。对于孕妇来说，绿叶蔬菜有利于生个聪明的宝宝；对于用眼多的人来说，蔬菜中的叶黄素和胡萝卜素有利于预防眼睛的衰老。对于希望控制体重的人来说，每餐吃一大盘少油烹煮的绿叶蔬菜，能有效提高一餐的饱腹感，又不会让人发胖，不妨试试看。

Q5：既然蔬菜这么有用，有些人决定每餐都加大吃菜的力度，早晚多吃蔬菜是否可取？

当然是一件好事。早餐通常的问题就是蔬菜水果不足，早餐吃蔬菜是提高饮食质量的一个非常值得鼓励的做法。平日人们说晚餐要少吃，说的是晚餐要低脂，低热量，蔬菜却是要增加的。只要是少油烹调，晚餐吃蔬菜不会引起发胖，用它替代晚餐桌上的鸡鸭鱼肉，对预防慢性病更有好处。

Q6：爱吃菜还要会吃菜，有哪些不当的吃菜法会危害健康，需要改正？

目前最重要的错误吃法有几个：

（1）放太多的油脂。用油泡着蔬菜，是很多地区的常规烹调方法。但这样会把蔬菜低脂低热量的好处完全毁掉，油脂令人发胖，也极大降低了对预防心脏病的好处。

（2）把绿叶切掉，丢弃，或者把外层绿叶剥下来抛弃。北方有“绿叶不上席”的传统，去掉叶子的油菜、芥蓝等营养价值大大降低，因为绿叶是营养素最为密集的地方。绿色的叶片营养素和保健成分远远高于内层的浅色叶片。

（3）炒菜温度过高，大量冒油烟。油烟发生时已经超过 200℃，过高的温度会破坏营养成分，并使蔬菜失去预防癌症的作用，油脂受热之后还会产生致癌物。

如果希望发挥预防癌症的作用，最好能生吃。发挥预防心脏病的作用，最好能少油烹调，如煮、蒸、焯拌、白灼等。少用爆炒方法。

Q7：多吃蔬菜是否会造成胃肠不适？

不同身体状况和消化能力的人对蔬菜的接受能力有差异。对于部分人来说，有些蔬菜可能引起肠胃不适。比如苦瓜、黄瓜、西葫芦（小胡瓜）等有人吃了容易腹泻，韭菜和具有刺激性的生大蒜、生辣椒、生洋葱等，也有部分人感觉不适。此事完全无须勉强，只要换成其他蔬菜即可。黄豆芽和豆角必须彻底焖熟，否则其中含有毒素和抗营养成分，会引起不适甚至中毒。

也有些人吃某些蔬菜会感觉胀气，比如土豆、南瓜、洋葱、西兰花、菜花等。通常是消化吸收不良的人会发生这种反应。只要适当少吃一些，或者换其他品种就可以了。当然，根本出路还是加强自己的消化吸收功能。

虽然生吃蔬菜是个好主意，但各人接受能力不同。如果生吃后感觉有胃疼、胃胀、肠道胀气、腹泻等不良感觉，完全可以换成熟食方式。比如洋葱、萝卜等，部分人生吃可能感觉不适，熟吃则绝大多数人没有问题。

Q8：蔬菜终究是膳食金字塔中的一部分，每天的蔬菜、主食和鱼肉合理数量搭配是什么？

按照我国的膳食指南，应以素食为主。每日鱼肉类食品50～75克即可，而蔬菜推荐300～500克。对于高血压、高血脂的人来说，还需要更多的蔬菜摄入量，才有利于控制疾病。午餐和晚餐当中最好能做到蔬菜：鱼肉在3:1，至少是2:1。每一餐都应做到有主食，有蔬菜。

总的来说，蔬菜的益处远远大于它的风险。这样的食物吃得多些，我们的饮食生活才会更安全，距离疾病才会更远！

3. 肉类

少吃肉，吃好肉

有研究发现，在同样的致癌水平下，如果给试验动物摄入过多的动物蛋白质或动物脂肪，那么动物的癌症发生率会比吃植物性饲料的动物更高。

如果我们吃不到有机鱼肉，也不能自己烹调，还垂涎餐馆中的各种美食，那么至少可以做到一点：控制数量。

按中国营养学会的推荐，每天只需吃50～75克肉就够了。但对于富裕居民来说，现在吃肉的量已经偏高了。许多家庭顿顿不能离鱼肉，宴席上更是荤素比例严重失调，不能不令人忧虑。美味的鱼肉海鲜，是人生的重要享受，一生远离它们，也是没有必要的。毕竟其中丰富的蛋白质和微量元素于人有益。这里强调的只是不要过量食用鱼肉荤腥，因为过犹不及，伤身腐肠。

人们爱吃肉，大半不是为了什么营养，纯属口腹之欲。但人类天性所喜爱的又是高脂肪的香美肉食，绝对不是什么低脂肪瘦肉。

不同种类的肉，脂肪含量不一样，就连不同部位、不同品种、不同育肥程度，脂肪多少也相差甚远。其实，要知道肉的脂肪含量一点不难。基本原则是这样的：凡是多汁的、味香的、柔嫩的，基本上都是高脂肪肉类。凡是肉老的、发柴的、少汁的、香气不足的，基本上都是低脂肪肉类。排骨肉美味，就是因为它在瘦肉中脂肪特别高，可达30%以上；烤鸭肉美味，因为它的脂肪可达40%以上；肥牛肥羊好吃，也是因为脂肪高；鸡翅膀香美，因为它是鸡身上脂肪最多的部位……而肉质柴的鸡胸肉，没香气的兔子肉，还有质地嫩但没什么滋味的里脊肉，都是低脂肪肉的代表。吃低脂肪肉比吃高脂肪肉健康，但如果把低脂肪的肉类用油、糖、辣椒之类配料包装成为浓味的食品，比如用鸡胸肉做的辣子鸡丁，用兔子肉做的香辣兔，还有用重油重味的糖醋里脊，那就实在有点和低脂的目标南辕北辙了。

即便将高脂肪的肉换成了低脂肪的肉，如果不考虑其他食物，那么吃低脂肪肉带来的那点好处，也很可能会被一瓶甜饮料或一份油汪汪的炒菜所抵消。

可是，天天吃清水炖兔肉、白煮里脊丝、胡椒粉烤鸡胸……能不能吃下去呢？我看，与其这样折腾自己的味觉，还不如干脆吃低脂肪的豆制品，喝低脂奶，一样能得到蛋白质，味道和口感似乎还要好一些。

也可以减少吃肉的次数和数量，偶尔吃些味道香美的高脂肪肉类，每次少吃一点，然后增加一点运动。如此，既能够满足口味的需求，感受到生活的幸福和美好，又能避免肉类脂肪过量，减少发胖的危险。即便肉食中存在污染，由于数量有限，也不至于对人体带来太大危害，少吃一些也能减少过量食用鱼肉海鲜带来的癌症、心脏病、痛风、脂肪肝等疾病的危险。这样做，岂不是一举两得，美食与健康兼顾吗？

4. 水果

并非越熟越大的水果就越好

如今市场上的水果蔬菜有点两极分化，不是个头越来越大，就是变成袖珍体形。比如说，同样是番茄，就有拳头大的普通番茄、中等大的蔓生番茄、杏子大的深红番茄（圣女果），还有葡萄大的樱桃番茄（颜色比较橙黄）。

那么，樱桃番茄和普通大番茄相比，哪一个营养价值更好呢？这就要从蔬菜营养价值的考评指标说起了。

一般来说，蔬菜对人体的营养作用主要有以下几项：

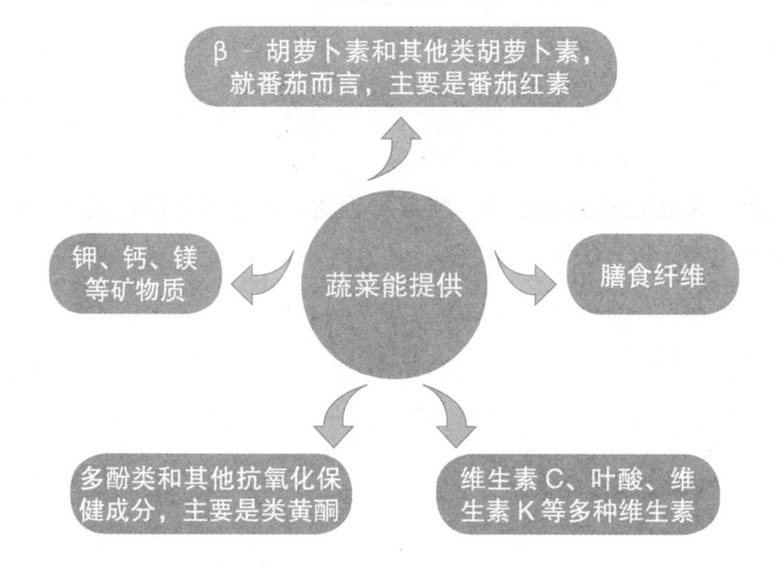

相关研究发现，对心血管健康非常有益的多酚类物质主要存在于果实的外层部分，包括外层组织、叶片以及果皮当中。维生素 C 的分布也有同样的规律。这是因为，太阳是植物的能量之源，植物的“养分合成基地”就在接近阳光的部分。因此，即使是同一种果实，因为阳光照射程度的差异，健康成分的含量也会有所不同。

番茄就符合以上规律。从多酚类物质来说，樱桃番茄的类黄酮含量明显高于普通大番茄，因为它和阳光的接触面比较大。从维生素C来说，因为樱桃番茄表面的比例较高，所含维生素C的比例就比大番茄更有优势。从膳食纤维来说，番茄的果皮是膳食纤维的极好来源，具有一定的防癌作用。显而易见，小番茄在这方面得分更高，因为它的果皮比例较大。

同样的规律，体积比较小的水果，实际上营养价值更高。比如说，苹果营养价值最高的地方是红色果皮下面的果肉；李子、葡萄等有色水果，都是果皮附近营养价值最高。而柑橘类的皮下白色组织中含有最多的类黄酮物质，显然小金橘连皮吃是非常可取的。

草莓、樱桃和桑葚等水果，从里到外的养分含量都差不多。但是话又说回来，它们本身就属于体形很小的水果。

明白了这个道理，消费者就不必特意购买个头大的果实，只需要在正常成熟的前提下，选择体积正常或偏小的蔬果品种，就可以获得充足的养分！这样，果农们也就没有必要一味追求大果，喷洒各种“促长剂”、“膨大剂”了，这岂不是营养、安全两全其美了吗?

此外，果实也未必越成熟、味道越香甜，营养素和保健成分就越多。成熟果实中变多的成分主要是糖分、香气物质，还有带颜色的天然色素类物质，主要是类胡萝卜素和花青素。对于那些表皮颜色发紫、发红的果实来说，花青素是其中的重要抗氧化保健成分。比如最成熟的番茄，维生素C并不是最高的。相反，是七成熟的番茄最多。十成熟番茄最大的优点，是其中的番茄红素含量更高了。

所以对于那些有色的水果来说，颜色越深，抗氧化成分越多，所以不妨选熟一些的；对于那些果肉部分没有多少颜色的水果来说，成熟度和健康价值并不完全一致。如果能够吃到自然成熟的甜美果实，我们就享受它的风味和口感；如果实在不能吃到，也未必非常吃亏，因为还有维生素和膳食纤维给我们帮助。

参考数据：彭艳芳，刘孟军，赵仁邦，《不同发育阶段枣果营养成分的研究》，《营养学报》，2007，29（6）：621—622.

5. 饮料

甜饮料能喝出多少病来?

甜饮料味道甘甜，口感清凉，但真的像传说当中一样，最好敬而远之吗?到底有多大坏处?

坏处一：促进肾结石?

某日去电视台做节目，和一位来自美国的嘉宾聊天，美国朋友说到他的亲戚有肾结石问题。医生告知他的亲戚，肾结石可能与爱吃甜食、爱喝甜饮料有关。

某单位的司机告诉我说，因为司机工作的特点，用餐时间不固定，他觉得甜饮料既解饿又解渴，就常年用甜饮料代替水来喝。这位司机也患有肾结石，但他自己不知是为什么。

在大部分人心目当中，肾结石既然大部分是草酸钙结石，那么应当和草酸、钙什么的关系比较大，很少会想到它和甜饮料相关。其实，美国变成肾结石高发大国，与其国民的甜饮料高消费关系不小。

在有关甜饮料和肾结石关系的流行病学研究当中，有5项都表明甜饮料消费和肾结石及尿道结石风险有显著性的相关。研究者分析认为，甜饮料降低了钙和钾的摄入量，增加了蔗糖的摄入量，可能是引起肾结石风险升高的重要因素。

不过，甜饮料带来的麻烦远远不仅限于肾结石。

坏处二：促进肥胖?

目前的研究证据已经可以肯定，多喝甜饮料会有效地促进肥胖。绝大多数流行病学调查和干预实验都表明，摄入甜饮料会促进体重的增加，而减少甜饮料摄入有利于体重控制。而且，做汇总分析的专家发现了一个有趣的现象，那就是由饮料行业所资助的研究，往往会得出体重和饮料两者之间关系不大或无关的结论。

坏处三：降低营养素摄入量？

一些研究提示，喝甜饮料多的人，膳食纤维的摄入量通常会减少，淀粉类主食和蛋白质也吃的较少。这可能是因为甜饮料占了肚子，正餐时食欲下降的缘故。对于发育期的儿童少年来说，这实在不是一个好消息——可能造成虚胖。还有研究提示，多喝甜饮料的人，整体上维生素和矿物质摄入不足。

坏处四：强力促进糖尿病？

不过，让研究者们最感震撼的，是甜饮料强力促进糖尿病的研究结论。在一项研究当中，对 91,249 名女性追踪 8 年，结果发现，每天喝一听以上含糖饮料的人，与几乎不喝甜饮料的人（每个月一听以下）相比，糖尿病的危险会翻番。更不可思议的是，即便喝甜饮料没有让人们增重，在体重指数完全相同、每日摄入的能量也完全相同的情况下，仍然表现出促进糖尿病发生的效果。

坏处五：促进骨质疏松和骨折？

研究还发现，喝甜饮料越多的人，奶类产品就喝得越少，钙的摄入量也越低。同样，由食品行业所资助的研究中，甜饮料和钙的摄入量之间只有很小的负面联系甚至还有正面联系；而由政府资助的大型研究当中，甜饮料和钙的摄入量之间有明确的负面联系。有两项研究表明甜饮料和骨质密度降低之间有显著联系，也有研究提示，甜饮料喝得多，会带来骨折危险增加的趋势。

坏处六：促进龋齿？

有多项研究表明，甜饮料摄入量和龋齿的危险正相关。其实，在西方国家当中，喝甜饮料常常是用吸管的，酸性十足的甜饮料并不一定会直接接触到牙齿。蛀牙危险的增加，很可能是因为甜饮料带来体内钙的丢失，从而让牙齿变得更为脆弱。

坏处七：促进痛风？

有研究证实甜饮料会增加内源性尿酸的产生，提升患痛风的风险，还

有少数研究提示甜饮料摄入量多则血压可能更高……

这些含糖的甜饮料包括碳酸饮料，包括果汁饮料，包括功能饮料，甚至包括纯果汁。只要含糖，无论是白糖（蔗糖）还是葡萄糖，无论是水果自带的糖还是添加进去的果葡糖浆，多喝甜饮料都会带来潜在的健康害处。

如果一定要喝甜饮料的话，优先选择低糖或无糖会好一些。

或许这些研究结果看起来有点辛苦，但这是大批专家调查数以万计的人、做大批实验之后得出的科学可靠证据，而不是谁对甜饮料有偏见。

每个人都要记住的是：

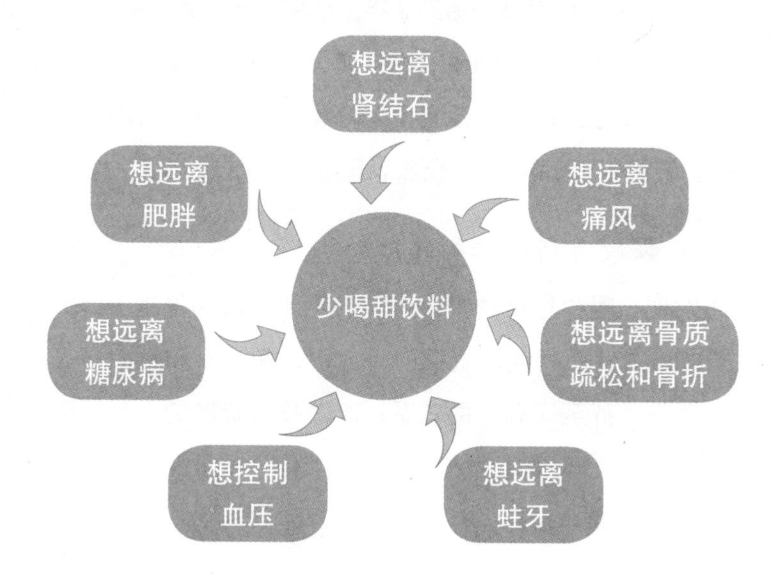

虽然甜饮料说不上有毒，偶尔喝一瓶也不至于有什么明显害处，但是，如果天天喝，年年喝，甚至把它当水喝，那害处就不亚于慢性毒害。建议每天喝甜饮料的量控制在一瓶以下，并且喝了这瓶饮料，就不要再吃其他甜味食品。

夏天渴了的话，还是优先喝没有甜味、无糖无脂肪的饮料吧。如果嫌喝白水没味道，泡杯绿茶、菊花茶，煮锅绿豆汤、红豆汤，也并不那么麻烦……

参考文献：Vartanian LR et al. Effects of Soft Drink Consumption on Nutrition and Health: A Systematic Review and Meta-Analysis. *American Journal of Public Health*. 2007, 97(4): 667—675.

豆浆替代牛奶的吃法

很多人都在问，用豆奶能不能替代牛奶，喝豆浆是不是比喝牛奶好。下面说说豆浆替代牛奶的饮食法。

豆浆与牛奶相比，有 5 大优势：

（1）含植物性保健成分，包括大豆异黄酮、大豆皂甙、大豆多糖、大豆低聚糖、其他多酚类物质等，这些对于预防多种慢性疾病均有帮助。牛奶中没有这些成分。

（2）含维生素 E 和不饱和脂肪酸，饱和脂肪酸含量低，不含有胆固醇。

（3）含有膳食纤维。豆浆中以可溶性纤维为主，豆渣中有大量不可溶纤维。牛奶中是没有膳食纤维的。

（4）热量偏低，蛋白质和脂肪比例是 2：1，而牛奶是 1：1。

（5）作为植物性食品，大豆的污染危险相对动物性食品要小得多。毕竟豆子难以作假，自己打豆浆也避免了任何加工中的可能污染和掺假环节。

豆浆与牛奶相比，也有不及之处，一则钙含量低，二则不含有维生素 AD，三是维生素 B2 和 B6 的含量明显低于牛奶。

不同的人因体质的差异，适应的食品不同。膳食纤维摄入不足的人，容易便秘的人，容易生痘疹的人，高血脂的人，更年期后女性，可能更适合饮用豆浆。而那些体质瘦弱怕冷的人，消化不良容易腹胀腹泻的人，眼睛干涩缺乏维生素 A 的人，喝豆浆不如酸奶有帮助。但从生态学角度来说，以素食为主的生活，更有利于维护生态平衡。在保证营养平衡的基础上，用豆浆、豆制品替代牛奶和肉类，不失为一种环境功德。实际上，奶类的饲料转化率远高于肉类，哪怕不喝牛奶，大量吃肉本身就不利于保护环境。

有一种说法是女人适合喝豆浆，男人适合喝牛奶。女人适合喝豆浆无非是因为大豆中的异黄酮类物质，它们具有弱雌激素的活性，对于更年期妇女来说，可以部分弥补雌激素水平下降带来的种种问题，如皮肤弹性减弱、骨钙流失加快、心跳快、面色潮红、情绪烦躁等。

事实上，适当吃些大豆，对男性也有益无害。2007年10月发表于《营养学杂志》（*Journal of Nutrition*）上的一项研究表明，摄入大豆蛋白可以降低男性前列腺的雄激素受体表达量，这与豆浆和豆制品有利于预防男性前列腺癌的多项流行病学研究结果是完全一致的。此外，植物雌激素摄入量高的时候，对于雄激素有轻微的抑制作用，因此雄激素水平很高的年轻男子喝些豆浆，在一定程度上有利于减轻青春痘之类激素不平衡引起的问题。

牛奶有人喝了不舒服，豆浆也一样，部分人对低聚糖和抗营养因子敏感，容易产生腹胀和产气反应。但只要消化吸收功能正常，轻微反应对健康并无明显危害，可先控制数量，逐渐增加，待肠道适应之后即可消除。

食物的数量对其健康效应影响极大。牛奶一杯有益营养平衡，不等于3杯同样有益营养平衡；豆浆一杯有利于预防骨质疏松，豆浆4杯可能也会带来副作用——有医生发现，不少肾结石患者都有大量饮用豆浆的历史。

我国营养学会在最新版膳食指南中已经明确了大豆的合理数量——每天30～50克。如此，按1斤豆10斤水的比例，2杯豆浆，或1杯豆浆加小半块豆腐而已。在这个数量下，豆浆不会让男人雌性化，也不会降低他们的生育能力。但男性过多摄入牛奶，则可能加大患前列腺癌的风险，正如吃肉过多会促进多种癌症的发生一样。

要想发挥豆浆之优势，弥补其不足，只需在每天一碗豆浆的同时注意三点：

（1）记得每天在日光下活动至少半小时，获得足够的维生素D，可起到促进钙吸收和强健骨骼的作用。

（2）每天吃一个鸡蛋，包括蛋黄，获得其中的维生素A、D、B2和B6。

（3）吃半块豆腐，或一大勺芝麻酱加上半斤青菜，可保证钙的数量。

@范志红_原创营养信息

【做豆浆还是先泡豆好】豆子在冰箱里泡一夜再倒进豆浆机里，一点都不麻烦。与干豆直接打豆浆相比，浸泡一夜可以大大降低抗营养因子的含量，比如植酸、单宁、蛋白酶抑制剂等。换句话说，豆浆中的营养素就更容易被人体利用，对消化能力差的幼儿来说尤其如此。

【泡豆子的水是否要倒掉】做豆浆之前，泡豆水是否要倒，是因人而异的事情。从口感和消化角度来说，倒掉之后豆浆更好喝，更容易消化；从预防癌症和慢性病角度来说，留着好些。

【要不要连渣喝豆浆】如果肠胃容易胀满、容易拉肚子、消化不良、贫血缺锌，就不要连豆渣喝。但高血脂、高血压、便秘、肥胖者很适合连豆渣一起喝豆浆，可以增加纤维，增加饱腹感。打豆浆时加点燕麦等粗粮当增稠剂，就可以把渣子悬浮起来。

6. 零食

哪些甜味食品相对健康?

虽然吃糖不利于健康，但并不是说凡甜味食品一律不能选购。一些营养价值高的甜味食品仍然可以放进餐单里，如酸奶、豆沙包、水果干等，冰淇淋、面包、蛋糕等也可以适量食用。葡萄干、杏干、枣等都是矿物质的良好来源，而酸奶富含钙、蛋白质、B族维生素和维生素AD，更有能提高抵抗力的活乳酸菌。

总的来说，选择甜味食品的原则是:

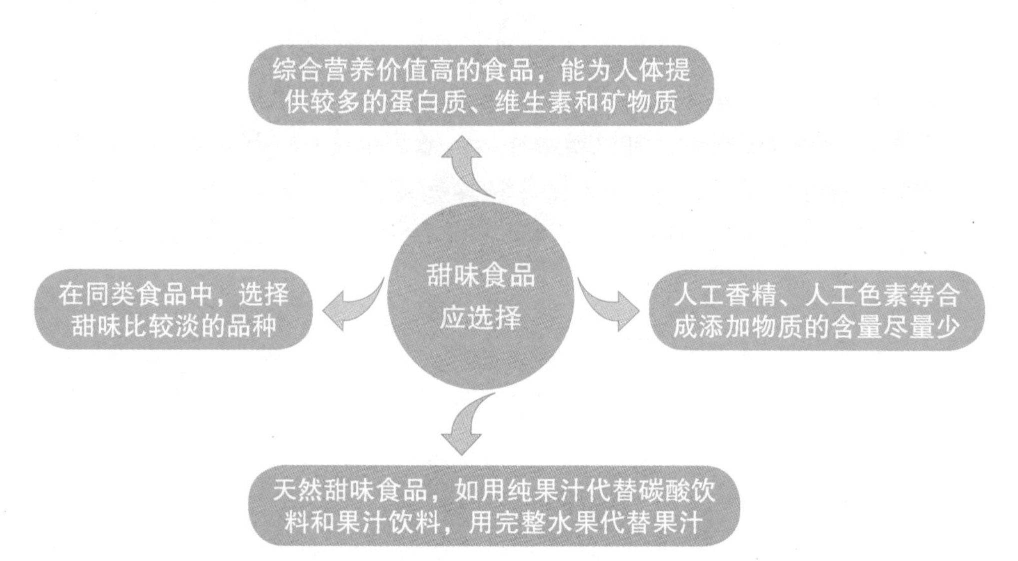

要注意的是，“低糖”和“无糖”甜味食品并不一定是最好的选择。在很多情况下，因为少加或不加白糖，生产者必须添加其他物质来维持产品的美味和口感，而这些添加物质通常营养价值较低，有些甚至可能具有潜在副作用，比如香精和甜味剂会增加食欲，后者还会增加胰岛素的分泌。

日本科学家提出，味觉可以体现心灵，味觉的爱好也会决定人的性格。他们认为，一个从小就单一喜爱甜味的人，往往不能得到大脑的全面发育，思维和创造能力会受到限制，而且性格不够爽朗，容易因为一点小事闷闷不乐。作为爱孩子的妈咪，作为重视生活质量的现代人，不妨检讨一下孩子和自己每天的吃糖量，更多地享受大自然天然风味的滋养，形成良好的饮食习惯和健康多样的口味喜好吧。

@ 范志红_原创营养信息

个人认为，不看食物成分表和营养成分表，只看品牌，是很难保障食物营养品质的。品牌大，绝不等于产品健康作用强，更不等于适合每一个人的身体状况。即便食品安全方面合格，也绝不意味着它能给人带来健康。

只要坚持半年不吃市售甜食，不吃冷饮，不吃零食，再吃的时候，就会发现其实这些东西远没有想象中那么好吃，甚至非常令人失望。香精的味道很假，而且甜得发腻。自己动手用优质天然食材做甜食也是个好主意，知道真东西是什么味道，对劣质低档原料和大量添加剂做出来的产品就有了抵抗力。

7. 补偿原则

看不见的营养陷阱——“健康”食品的另一面

广告中宣传的“健康”食品，是否真的可以放心大吃？标着“纯天然”字样的食品，是否真的不易发胖？无论是哪个国家的专业人员，都会做出同样的回答：未必如此。不少所谓的健康食品、天然食品、低脂食品，实际上可能热量甚足，绝不可掉以轻心。

不少中老年人以为，低糖的“营养麦片”便是低热量的早餐，殊不知，替代蔗糖的，是阿斯巴甜或甜蜜素，它们本身几乎不含热量，但除掉大量的蔗糖之后，麦片用什么来填充体积呢？答案是大量的糊精。而糊精，就是淀粉的水解物，它们比淀粉还容易消化，升高血糖和变成热量的速度更快！

也有不少减肥的女士认为，吃低糖的饼干、蛋糕和曲奇，就可以让自己在吃零食的时候放下心理负担。然而，低糖不等于低脂，而油脂的产热量是蔗糖的 2.25 倍。放进去大量油脂的点心，如果按照单位重量来算，热量比纯白糖还要高，对控制体重肯定没有什么好处。

低糖饮料虽然含糖只有3%～5%，但如果每天喝上4瓶，摄入的热量就会相当于一整碗米饭，绝不可以将它们与毫无热量的茶水、矿泉水相提并论。

那么低脂食品是否令人放心呢？低脂肪的食品，未必能够放心去吃。例如，低脂饼干单位重量的热量值低于高脂饼干，但其中含有淀粉和糖，每 100 克中所含的热量也能达到 400 千卡左右，比一碗白米饭还多。

“纯天然”的健康食品，也有同样的麻烦。一位女士每天都要吃一袋坚果，因为她听说花生、榛子、大杏仁、核桃、开心果之类都是健康食品，能降低心脏病发生的危险。其实，它们是货真价实的热量炸弹，每 100 克当中所含的热量居然高达 600 千卡以上。如果不增加运动，这些食品最好每天不要超过 28 克，而且吃了它们，就要适当减少菜肴中的油脂作为补偿。

这个补偿原则同样适用于酸奶和牛奶这类高营养食品。酸奶的确有益健康，但只有用酸奶代替一部分饭菜，才能达到帮助减肥而维持健康的效果。如果没有减少主食和菜肴的数量，餐后大喝酸奶，必定会额外增加不少热量，得到的结果只有增肥。

那么，如何对待健康食物中的“热量陷阱”呢？这里推荐四大基本原则：

（1）凡是营养价值总体较低的食品，无论是否低脂低糖，都尽量少买少吃。比如曲奇、饼干、甜饮料之类。要控制体重，饮食量就得偏少，对食物的营养质量要求就必须更高。

（2）凡是声称低糖的食物，就要留心一下其中有多少淀粉，多少油脂。凡是声称低脂的食物，就要留心一下其中有多少淀粉，多少糖。声称对心脏有好处，未必对减肥有好处。最好在同类食品中选择总热量最低、蛋白质最高的品种，仅仅“低脂”或“低糖”未必就是低热量。

（3）控制食用数量。“低热量”产品只承诺在同样的数量下热量比同类产品低，如果多吃一些呢？热量当然会增高。万不可因为产品低热量就放心大吃。反过来，哪怕是高热量的食品，只要营养价值高，就不必过分拒绝。比如坚果，每天少量吃几颗，还是有益无害的。

（4）牢记补偿原则。如果额外吃了零食、饮料，甚至牛奶、酸奶和水果，都要适当减少三餐的量，使摄入热量与消耗热量相平衡。无论食物的营养价值多高，热量总不可能是零，如果额外多吃，都有增加体重的危险。

2.3 饮食结构很关键

每天应当吃什么？吃多少？

最近中科院发布《中国人营养指南》（简称“指南”）的建议之后，各大媒体纷纷采访有关中国人每天吃多少粮食、多少菜合适的问题。

虽说中科院的每日食谱建议不靠谱，已经被营养学家多次抨击，但它也起了一个好作用——人们终于开始关心自己该吃什么、吃多少的问题了。在此之前，媒体上的新闻似乎只关心什么不能吃，什么有毒有害，而几乎不说该吃什么，该吃多少。

无论负面新闻有多少，无论“我们还能吃什么”的叹息此起彼伏，却没见谁真的少吃一天饭的。既然人体离不开食物中的营养素，既然三顿都要吃，天天都没少吃，何必把注意力集中在负面新闻上，而不去关注一下该吃什么的信息呢？

无论在哪个国家，国民每天吃什么食物，平均每人吃多少，都是关系到一个国家国计民生和营养供应的关键问题。这个数量比例，叫做“食物结构”。只要看看食物结构有什么不同，就能大致推测出这个国家的国民是个什么状态。

——如果动物食品多，油多糖多，就能推测出这个国家的国民通常比较胖，主要的麻烦是心脏病、糖尿病之类慢性病；

——如果粮食比例特别大，绝大部分是素食，鱼肉蛋都少，烹调油很少，那么主要的麻烦往往是蛋白质不足、维生素 A 不够、贫血、缺锌之类营养不良问题；

——如果荤素比例协调，食物品种多样，油糖不过量，那么就能推测出这个国家的国民健康寿命较长，各种疾病都相对较低，肥胖率也不高。

看了以上这些膳食结构，大家希望中国人是哪一种呢？过去我们曾经是第二种结构，中老年人还记得那些油、糖、肉、蛋限量，大部分人喝不上奶、吃不上鱼的日子。但现在呢，很多家庭又提前进入第一种结构，和欧美一样，大块吃肉，整条吃鱼，炒菜泡在油里，甜食、甜饮料随便享用，所以肥胖者和“三高”人群也就越来越多了。

很遗憾的是，如果我们真的按照中科院提供的那个食谱来吃，就会从全国水平上一头扎进第一种食物结构当中，大家一起做胖子。哈佛大学博士、旅美流行病学者宁毅博士表示，按这种食谱来吃，只需 5 年时间，中国的肥胖率就会翻一倍，这是一件极其可怕的事情。

这里把某报纸给我发来的有关中科院推荐食谱的采访问题，以及我的回答写出来，供大家参考。

Q1: 中科院的报告建议中国人每天吃“六两粮食四两肉”，这样吃合理吗？吃多少肉合适？粮食吃多少？肉类吃什么肉比较好？粮食有米面等，应该怎么搭配好？

A：中国营养学会推荐每人每天吃250～400克粮食（干重），六两粮食的说法还是基本靠谱的。因为每个人身高、体型、性别、年龄不同，体力活动量也不一样，所以不可能所有人主食的摄入量都完全一样。比如说，如果是办公室工作的女性，就可以按250克粮食来安排三餐；如果是重体力活动或大运动量锻炼的男性，数量可以比400克多。

主食当中，除了大米白面，健康人建议吃至少 1/3 的粗杂粮，也就是除了大米白面之外的含淀粉种子，如紫米、全麦、大麦、小米、燕麦、玉米、高粱米、红小豆、绿豆、芸豆，还有莲子、薏米之类也包括在内。糖尿病、脂肪肝和心脑血管病患者建议能吃到 2/3，这样有利于帮助控制血糖和血脂，还能提供更多的维生素和矿物质。

肉类建议每天吃一两到一两半（去骨纯瘦肉），优先选择脂肪比较少的肉，或者通过蒸煮等烹调方法减少肉里的脂肪含量。我国居民当中，贪吃肉的人相当多，而过多的红肉（猪牛羊肉）会增加心脏病和肠癌的危险，研究证据表明每天平均一两半以下比较安全。

Q2: 指南说要吃“六两蔬菜一两油”，一两油多吗？每天吃多少油合适？油脂吃多了有什么危害？吃什么油比较好？单单吃一种油好不好？蔬菜应该怎么吃？吃多少？

A：一两油太多了。中国营养学会建议吃半两油。这是因为油多会增加肥胖的危险，而肥胖与糖尿病、心脑血管疾病、肠癌等多种疾病的危险有密切关系。油的数量比种类更重要，无论什么油都不能多吃，因为烹调油都是99.9%的脂肪，多吃必然容易肥胖。

一般认为更换品种较好，但也要看各种油里面的脂肪酸构成的特点，比如豆油、玉米油和葵花籽油差异就比较小；橄榄油和茶籽油差异比较小，花生油、米糠油和芝麻油比较接近。对于经常吃肉的人来说，不建议常吃猪油、牛油和黄油，其中饱和脂肪和胆固醇较高。

蔬菜6两偏少了。蔬菜和粮食不同，它要经过择洗，去掉硬梗老叶，或者去皮去根，实际上吃进去的数量还要打不小的折扣。要吃进去6两菜，实际上要买8两左右才行。中国营养学会建议每天吃6两到1斤的蔬菜，是说实际吃进去的量，不包括扔进垃圾桶的量。蔬菜多吃些，特别是吃够4两以上的深绿色叶菜，能帮助降低多种癌症和心脑血管疾病的危险，对健康是极为重要的。

需要注意的是，蔬菜要尽量新鲜，烹调要尽量少油。泡在油里的蔬菜是很难发挥健康效益的。

Q3: 指南中说要吃“一两鸡蛋二两鱼”，一天吃一个鸡蛋会不会胆固醇超标？应该怎么吃鸡蛋？鱼肉每天吃多少合适？一周吃几次？吃鱼肉有什么好处？

A: 每天一个鸡蛋胆固醇只有200毫克，距离300毫克的限制还有距离，健康人每天可以吃一个鸡蛋。如果已经有高血脂、高血糖的情况，建议控制在每天半个的程度。如果吃鸡蛋，一定要连蛋黄吃，因为12种维生素和多种保健成分都在蛋黄里。在烹调方法上，不放油的蒸煮、水泼、蒸蛋比较好。

鱼肉平均每天可以吃75～100克，也就是去掉刺之后2两肉以内。鱼可以提供蛋白质和omega-3脂肪酸，但是它过多的时候也会造成蛋白质过量，同时可能带来水中的污染物。烹调时也要注意少放油，不用煎炸方法，否则吃鱼不会对预防心脏病带来什么好处。

Q4: 指南中说，要吃“半斤水果一斤奶”，每天一斤奶科学吗？喝多少才算合适？为什么要多喝牛奶？是因为中国人膳食里面缺钙吗？从其他途径不能获得吗？有调查研究显示，男性每天喝牛奶超过 600 克容易增加患前列腺癌的风险，这么说科学吗？

A：对成年人来说，奶类每天600克嫌多了。中国营养学会推荐每天奶类300克，包括牛奶、酸奶、奶粉、奶酪、冰淇淋等（按鲜奶原料折合）。大概相当于一次性纸杯1杯牛奶，加上市售的1小杯酸奶。我国居民膳食钙距离建议量差距在300～400毫克之间，增加300克奶能提供至少300毫克的钙，基本上满足膳食中的需要。酸奶完全可以替代牛奶。如果完全不吃奶类，可以多吃绿叶蔬菜和豆制品来加以弥补，但不如喝奶这样简便易行。

男性 600 克以上牛奶增加前列腺癌风险，同时，大量摄入牛奶也会降低肠癌风险，但是没有证据表明 300 克奶能有效预防或促进癌症。我国营养专家并不推荐每日喝 500 克以上的牛奶。

Q5: 老人、小孩、中青年营养膳食结构的区别在哪？能一概而论吗？应该怎么吃？多人口的家庭如何合理饮食呢？

A：每个人工作、锻炼、身体健康情况不一样，膳食中所需要的食物比例也要进行调整。没法一概而论。但对于健康成年人而言，按中国营养学会的各类食物推荐范围来吃是肯定有利于健康的。每个人可以按自己的胃口（在不造成肥胖的前提下）适当调整数量，选择自己喜欢吃并吃了之后感觉良好的食物品种。

儿童和老年人的营养需要和普通成年人不一样，买一本《中国居民膳食指南》认真研读就可以了。如果不了解具体如何搭配，或者不知道如何给全家人准备比例合理的食物，可以咨询营养师或其他专业人士。

除了合理安排饮食结构，食物多样化也很重要。营养平衡的膳食由多种类别的食品组成，谷类、豆类、坚果、蔬菜、水果、鱼肉、蛋类、奶类，都需要考虑，特别是植物性食品的类别越齐全越好。所以，食物的原料品种要尽量多样化，一天 15 种以上，最好能超过 20 种。

要注意，花椒、姜片、味精之类是不能算的，因为它们数量太小；炒肉丝、熘肉片、炖肉块只能算成一种，面条、馒头、烙饼也只能算成一种……

食物多样化并不像想象中那么难。比如说，明天是腊八节，喝腊八粥一下子就能吃进去 8 种原料。再做个炒三丝呢，又有 3 种蔬菜啦。加个大拌菜，一下子就四五种。再吃两三种水果，两三种坚果，加上鸡蛋、牛奶、肉类，就有 20 多种了呢。

食物多样化一定要记得一个最最最重要的原则，就是盘子中的总量一定不要变！不可以因为增加了食物品种，就增加每天的总能量。如果吃了粗粮，就要减少精米白面；如果吃了鱼，就要减少肉；如果吃了瓜子，就要减少原来吃的核桃……否则必胖无疑。

@范志红_原创营养信息

我的饮食挺简单的，原则无非是“荤素搭配，粗细搭配，蔬菜充足，油盐偏少，食材天然”，主要饮食特点是：1. 几乎不吃糕点、饼干、小食品、甜饮料；2. 每天吃至少半斤绿叶菜；3. 精白米、精白面粉比例低，粗粮豆类超过一半；4. 早餐比较丰富；5. 口味比较清淡。

2.4 三餐应当怎么吃?

我的美味营养早餐

《北京青年报》的魏老师一再要求，要我写写自己的饮食，放在报纸新开的专栏当中，还要配上照片才行。下面就是我某一天的早餐：

红豆粥（红豆、紫米、糯米、枸杞、白芝麻、红枣）一份，全麦馒头半个

酸奶 1 小杯 100 克，嫩煎蛋 1 只

松仁 1 勺，芒果半个

早餐的基本要求，就是必须含有三大类的食物：淀粉类的主食，如馒头、粥、饼、发糕、包子等；富含优质蛋白质的食品，如肉、蛋、奶、豆制品等；还有蔬菜水果等富含膳食纤维、钾和维生素 C 的食品。

按照中国营养学会公布的膳食指南，健康的膳食应当做到"食物多样，谷类为主，粗细搭配"，我的这份食谱正好符合这个标准。

在这份早餐当中，主食是红豆粥和全麦馒头，其中红豆属于淀粉豆类，全麦和紫米 3 种原料属于粗杂粮，糯米属于细粮，枸杞和红枣属于水果干，芝麻属于坚果和油籽——这份粥和馒头当中，就含有 6 种配料；加上奶、蛋、芒果和松仁 4 种食品，共 10 种原料，分别属于 6 个大类——粮食、豆类、坚果、奶类、蛋类、水果和水果干。

从蛋白质角度来说，鸡蛋、酸奶、红豆、松仁都是优质蛋白质的来源，加上馒头、糯米、薏米中的蛋白质，总供应量将近 20 克，达到一日所需数量的 25% 以上。

早餐中加入水果、水果干和坚果，能更好地满足一日的营养平衡，增加膳食纤维和维生素 C 的供应。芒果和枸杞富含胡萝卜素，芒果中维生素 C

也不少。松子富含维生素 E，还有钾、镁、铁和锌。这些食物不仅令人感觉美味，而且能够提高早餐的养生质量。

中医认为红豆有利水去湿的作用，很适合潮湿多雨的季节。其实我做这个粥，并非因为要去湿，只是因为喜欢它的口感而已。红豆煮后口感沙软，配上需要咀嚼的皮，特别美味。它是典型的高钾食品，蛋白质含量达 20%，而且饱腹感特别强，非常适合需要控制体重的人。

有人问我：早上吃这么多东西，能吃得下啊？其实对我倒是挺正常的。我的胃口一向都挺大，至少在同龄人当中是如此。只要睡眠充足，早餐胃口就很好。

还有人问，早上做这些东西不费时间啊？当然不费。红豆粥是头天就煮好的，分份放在冰箱里，第二天热一分钟就能吃了。馒头、松子、酸奶之类自然也是现成的。唯一麻烦点儿的就是做个嫩煎蛋，这个也就需要两分钟而已。芒果吃起来也不麻烦。所以，一餐饭只要 5 分钟就能搞定。通常我一边热粥一边喝酸奶，一边煎鸡蛋一边喝粥，所以煎好蛋之后几分钟就吃完了。

早饭的质量，特别能够决定人一天的满足感。一餐丰富美味的早餐，会给人带来幸福和充实的感觉，也给一天的工作打下坚实的基础——直到 12 点都不饿。不信，就和我一样试试吧。

上班族如何吃上营养午餐?

某编辑来邮件，要求我评点一下上班族的午餐。他说，上班族的午餐一般都是以自带、外卖盒饭、洋快餐或餐厅拼餐这四种方式为主，请简单地分析一下这四种方式可能存在的营养方面的缺失。再说明上班族如何在忙碌工作的同时，能吃上有营养的午餐。

回答这个问题，先要分析几种午餐方式的利弊，然后才能提出可行方案。

（1）自带午餐

优点：内容可控，食材质量高，油脂质量好，油盐用量自己掌握，可以纳入粗粮、豆类、薯类等外餐很难吃到的健康食材。

缺点：因办公室多半没有冰箱，储藏中可能带来微生物繁殖的风险。此外，头一天晚上必须做好，回家还要刷饭盒，年轻人往往嫌麻烦。

建议：带 3 个盒子，洗净后里外用沸水烫一遍，尽量杀死细菌。一个装主食，最好粗细搭配，比如半份米饭加一块蒸红薯，刚出锅的大米饭要马上装进去，然后把饭盒封严，温度降到不烫手的程度后再放入冰箱；一个装需要加热的菜肴，荤素比例 1:2，蔬菜尽量多装；一个装水果或凉菜。食物盛装到 2/3 或 3/4 的满度最好。蔬菜头天晚上做好后立刻分装，冷却后直接放入冰箱保存，不要装剩菜。荤食宜选择少油品种。如果菜里有油，要控去油再装盒。可以多带酸味的菜，酸多一些，细菌繁殖的速度就会慢一些。

选材时还要选适合多次加热的菜，比如土豆、胡萝卜、豆角、茄子、番茄、冬瓜、南瓜、萝卜、蘑菇、海带、木耳等。如果想补充绿叶蔬菜，又不怕颜色变褐，可以用沸水提前焯一下，这样就能去掉 70% 以上的硝酸盐和亚硝酸盐。既然硝酸盐已经很少，也就不会在冰箱储藏过程中变成亚硝酸盐了，装进饭盒里，重新加热一下，也是安全的。如果不喜欢蔬菜发暗的颜色，不妨等到回家吃晚餐时再多多补充绿叶蔬菜，也没问题。

第三，少做生的凉拌菜，避免亚硝酸盐和细菌的麻烦。如果一定要做，可以多加醋、姜汁和大蒜泥，以抑制细菌。也可以直接放洗净的生蔬菜，然后带一些炸酱、甜面酱、黄豆酱之类，直接蘸着吃，清爽可口，又比较安全。

（2）外卖盒饭

优点：省事快捷，价格相对便宜。

缺点：菜肴多半油腻，搭配不合理，主食只有大米饭一种，食物品种单调，荤素失调，纤维严重不足。味道相当不理想，食材质量也难以控制。

建议：不要贪便宜，发现食材不新鲜、太油腻或太咸就换一家。为避免蔬菜不足，可以选小份盒饭，或与别人拼一套质量好点的盒饭，只吃一半米饭，一半鱼肉。留点肚子买点水果吃，餐后再泡茶喝，补充钾和维生素C。

（3）各种快餐

优点：就餐迅速，无须刷洗，甚至无须预订。

缺点：套餐选择不多，口味单一。洋快餐油炸食品多，中式快餐的菜肴中同样脂肪比例偏高。某些拉面式的快餐油略少一点，但食材单调，汤里咸味重。咖啡店套餐式快餐通常鱼肉过多，份量偏大，女士吃不完。永远吃不到足够的蔬菜水果，膳食纤维严重不足，是各种快餐的通病。

建议：选择时注意尽量少选煎炸食品，要分量较小的套餐，饮料选择豆浆、牛奶和红茶，不要甜饮料和甜点。如果吃中式快餐，尽量配一些凉拌蔬菜和杂粮粥，比如菜肉包子＋玉米糊＋花生拌菠菜的组合就比较合理。

（4）餐厅拼餐

优点：餐厅食物选择多，几个人一起吃饭可以要几个菜，食材内容丰富，符合多样化要求。如果菜谱合理，点菜人水平又比较高，可以拼出相对合理的菜肴搭配。

缺点：很少粗粮，菜肴可能偏咸、偏油腻，过度依赖点菜者的理性。

建议：多点凉菜和蒸煮炖菜，少点炒菜，不点油炸菜。因为中餐厅的凉菜有很多少油品种，如大拌菜、大丰收、老醋菠菜之类能提供多种蔬菜，豆制品、酱牛肉等也很少放油，清蒸鱼、白灼虾等也比较清淡。如果4个人点4个菜，以冷热两个蔬菜、一个冷荤、一个炖煮荤素搭配菜为好。

感想：如果每个餐厅都能配备一名营养师，给用餐者提供合理的拼搭套餐就好了……

晚餐不能这么吃

在说了午餐之后，编辑又让我说说晚餐。他问，如今上班族的晚餐，营养问题主要是哪些？应当如何预防和化解呢？

我想了想，大致有三种情况。

第一种情况，是工作疲劳导致晚餐没有精力做营养平衡的饭菜，于是叫外卖，吃快餐，或者用速冻食品、肉类熟食等凑合一餐。

买菜做饭需要花费一个小时左右的时间。在饥肠辘辘、筋疲力竭的时候，人们都想吃一些马上就能放进嘴里的食物，很难有毅力饿着肚子先去超市，买菜之后还要择菜、洗菜，再烹调上桌。连我自己也是这样，饥饿时一定要先吃 / 喝些饱腹感强的东西，缓和饥饿感，再回家做饭。一般来说，工作越辛苦，午饭质量越差，寻求食物的欲望就越强烈。

但是，能马上放进嘴里的加工食品多半都是高脂肪、高精白淀粉、低膳食纤维的食物。即便在快餐店吃一餐看似丰富的套餐，多半也严重缺乏蔬菜，没有粗粮、薯类和豆类，膳食纤维和抗氧化物质不足。

对策：提前在办公室备一点应急食品，比如水果、坚果、牛奶、酸奶、豆浆等，在下班之前就吃掉，让下班的路上不感觉特别饥饿，特别疲惫。如果在路上已经忍不住吃了快餐，或者买了一些外卖，注意控制一下数量，回家之后可以再补点蔬菜水果。

第二种情况，是晚上有应酬或者聚餐，吃大量的鱼肉海鲜。

应酬毕竟是一种工作，与心情放松地和家人吃温馨晚餐完全不一样。心思几乎不在吃东西上，而是琢磨如何拉关系，如何做生意，如何把求人的事情办好，或者如何把人情还上。这种精神压力较大的状态，必然会减少消化道的供血，降低消化吸收能力，容易导致胃肠溃疡。因为边吃饭、边喝酒、边说话，很难控制自己吃了多少东西，食物比例是否合理，容易造成肥胖。

从食材上看，这种应酬饮食的通病是蛋白质和脂肪过剩，谷类不足，

膳食纤维缺乏，能量过高，容易发胖。如果经常饮酒，还可能发生酒精过量，伤胃伤肝的问题。

对策：减少不必要的应酬。在餐馆吃饭时优先点蒸、煮、炖、凉拌的菜肴，点豆浆、酸奶替代甜饮料和酒类，自觉少吃油腻食物，多把筷子伸向蔬菜、菌类、豆腐等食品。应酬之后的日子尽量饮食清淡，多吃蔬菜水果和粗粮豆类。

第三种情况，加班到很晚或熬夜工作，饥饿后吃大量夜宵。

晚餐过晚或吃大量夜宵，既会影响睡眠，又容易导致肥胖。因为晚上胆汁分泌多，第二天早上如果不吃早饭，还有促进胆结石的危险。对于部分人来说，晚上吃得晚，第二天早上反而比较容易饿。

对策：如果晚上睡得晚可能饥饿，推荐 9—10 点之间喝一小碗粥、一杯豆浆或一杯酸奶 / 牛奶，不够的话可以再加点水果。这些食品饱腹感都比较好，又容易消化，也不会妨碍睡眠。不要等到饿得很严重再吃，那样就很难控制数量了。

编辑问，您推荐怎样的健康晚餐搭配？如果是有瘦身需求的人，又该怎样搭配？

我说，推荐晚餐吃粗粮、豆类、薯类为主的主食，加上大量蔬菜，可以加少量豆制品或少油的鱼肉。例如，吃黑米、小米、燕麦、红豆、绿豆、芸豆等煮成的八宝粥，配凉拌蔬菜、焯拌蔬菜或清炒蔬菜，或者吃少油的炖菜。肉和鱼可以少量吃一点，最好有时能用豆制品和酸奶来替代鱼肉。比如晚上不吃鱼肉，到 9 点时加一小杯酸奶，既预防睡前饥饿，又容易消化，不影响睡眠。

理想的晚餐时间，是距离就寝休息至少 3 小时。这时候胃里食物已经残留不多，不会影响夜间的睡眠质量。餐后到睡前之间有时间做一点活动，也能降低发胖的危险。也就是说，如果晚上 10 点休息，那么晚餐应当在 6—7 点。

还必须考虑晚上有没有一点活动。如果是温和的运动，比如做做广播操，散散步什么的，饭后 20 分钟就可以做了。如果是跑步、瑜伽这样的活动，最好在饭后 1 个半小时以后，最理想是 2 小时后。因为这时胃里已经不再沉重，不会影响到消化，运动起来更为轻松。假如晚上有些运动，晚餐就不用让自己挨饿，只要吃清淡些，就能预防体重的上升。

如果确实想晚上吃一份减肥餐呢，也不必完全饥饿。不妨考虑水果 + 酸奶、粗粮豆粥 + 蔬菜、豆子 + 坚果 + 蔬菜，以及薯类 + 豆制品 + 蔬菜这几种组合。

如果晚上睡得晚，吃少一点就感觉饥饿，可以考虑增加一餐夜宵。有关夜宵的吃法，请看相关的博文。

@ 范志红_原创营养信息

所谓“晚吃少”，并不是晚上只吃几口，饿着进入梦乡，而是要把白天吃不够数的蔬菜、杂粮、豆类给补上，纤维多点，脂肪少点，烹调清淡点，能量低点。

第三章　厨房把好健康关

3.1 烹调方式，关乎健康

1. 该生吃还是熟吃？

生吃还是熟吃？

随着西餐食品和果蔬汁的兴起，以及日韩料理的潮流进入中国，很多原来只吃熟食的人慢慢开始接受生吃食品的饮食方式。一些激进的健康生活家提出了“食必生食”的口号，认为不仅能预防癌症，还能治疗胃病。

然而，一些中医养生专家则提出了相反的观点。中医认为，脾胃为后天之本，必要细心养护，而要维护脾胃，饮食必以温热为好。多食生冷损伤阳气，易致消化不良，甚至腹胀腹泻。

这两种说法都有大批人拥护，但到底谁更有道理，更有可行性呢？这却不是一两句话能说清的了。

烹调的意义：杀菌、软化、帮助消化吸收

人类从生食到熟食，曾经被认为是一个极大的历史进步，也伴随着人类寿命的大大延长。为什么要加热烹调呢？难道生吃食物就不能消化吸收吗？

的确，很多食物能够不经加热烹调便消化吸收，包括生肉、生鱼、生蔬菜和水果。

鱼肉海鲜都是动物性食品，而动物细胞没有细胞壁，生吃和熟吃一样可以消化吸收。人们对鱼肉海鲜类要加热熟食，主要是出于两个目的，一是为了杀灭微生物，保证饮食安全；二是为了调和风味，丰富口感，创造美食。与生食相比，鱼肉熟食比较容易消化。这是因为加热之后，蛋白质适度变性，失去三维结构，更有利于人体肠胃中蛋白酶的攻击分解。在动物中所做的研究也证明，熟食可以减少消化吸收食物所耗的能量，所以对一些身体虚弱的人来说，肉类做成熟食可能更为合适。

蔬菜属于植物性食品，它们有坚韧的细胞壁，其中富含纤维，对肠胃有一定的刺激作用，还含有一些抗营养物质。熟吃蔬菜主要有三个目标：一是软化纤维，缩小体积；二是破坏细胞壁和细胞膜，帮助细胞内部的成分转移到细胞外，被人体充分吸收。同时，烹调还能破坏其中的有机磷农药，除去一部分草酸和亚硝酸盐，杀灭细菌和寄生虫卵，大大提高安全性。对很多蔬菜来说，熟吃显然更为美味。

粮食、豆子等淀粉类食品呢？它们不仅有细胞壁，还有大量的淀粉粒。淀粉粒就像是紧密打包、层层包装的淀粉，如果不吸水膨胀，加热煮软，人体小肠中的消化酶就没法消化它，未消化的坚硬谷粒穿肠而过，不仅得不到营养，还会损伤消化系统。

马铃薯、甘薯、山药等薯类食品虽然可以生吃，但生吃的时候只吸收其中的矿物质和维生素，淀粉粒部分基本上是不吸收的，和纤维一样进入大肠，帮助一些喜欢淀粉的微生物繁殖——结果是肠道蠕动加快，产气增多。偶尔生吃，对“润肠通便”有一定好处。

生食主义：贵族小众生活方式

从理论上来说，生食完全可以维持生命，供应充足的养分。不过，生食生活的食物构成与熟食有很大的不同，那就是不能有谷物类食品。

不能吃粮食豆类，而蔬菜水果也不能完全让人吃饱，这就意味着要吃生鱼生肉。显然，这种生活要比“五谷为养”的生活昂贵得多。因为平均5斤粮食作为饲料才能生产出1斤肉，在我国这样一个农业资源短缺的国家当中，如果人们都用鱼肉作为主食，显然超过了耕地资源的负载能力。

同时，鱼肉类要能够生吃，需要有极高的新鲜度。这就意味着它们从宰杀到烹调，都处于严格的冷链环境当中，保存期只有几天时间。这样的肉，显然生产成本极其高昂。

鱼肉海鲜类食品通常会富集环境污染，其重金属、农药等污染物的水平都比粮食豆类高得多。因此，以鱼肉类为主食，必须采用有机食品。事实上，这也正是生食主义者一直提倡的食材。然而，能达到生吃卫生标准的、有机方式生产出来的鱼肉，其产量之少，价格之高，可想而知。

同样，能够达到生食安全标准的蔬菜，也不能是普通的蔬菜。不仅农药必须严格控制，连可能含有寄生虫卵的农家肥都要慎用，也不能带大肠杆菌 O–157 这样的致病菌，最好是洁净的有机蔬菜。很多蔬菜，特别是绿叶蔬菜，不能像水果那样轻易去皮，也很难像番茄一样彻底洗净，生吃还是有风险的。

所以，彻底的生食主义，对食材要求极为严格。只有少数贵族情怀人士才能尝试这样的生活。

生食蔬菜：要想多吃很艰难

虽然完全不吃粮食的选择似乎难以实现，但蔬菜完全生吃似乎不难操作。把水果蔬菜都打成汁，或者完全做成生的凉拌菜，在中式厨房中就能做到。

蔬菜和水果一起打汁或打浆饮用的吃法，被很多人认为是一种时尚。实际上，这是西方人为了弥补蔬菜摄入量不足、改善生蔬菜口味而想出的一个方法。这种方法会造成酶促氧化，令维生素 C 和水溶性抗氧化成分大量损失；不溶性的纤维和不溶性元素如钙会被留在渣子当中，造成损失；喝果蔬汁还无法产生食用完整蔬菜水果时会产生的饱腹感，不利于控制食量。用来打汁的蔬菜原料，在品种上还有许多限制。只有口味清爽的番茄、黄瓜、胡萝卜、生菜、甜椒等适合打汁，而像菠菜、芥蓝、西兰花、茼蒿、紫背天葵这样的一流高营养价值蔬菜多半有些“异味”，总会被“拒之门外”。因此，打汁法所吃到的蔬菜品种中叶酸、叶黄素、钙、镁的含量偏低。

不过，打汁也能保留蔬菜中的一些保健活性物质，比如圆白菜中有益治疗胃溃疡的成分，以及十字花科中的硫甙成分。每日饮用两杯果蔬汁的确可以增加蔬菜的食量，同时又不会增加脂肪和盐，是有益健康的；但如果以为饮用果蔬汁就可以三餐不吃菜，那可就大错特错了。

欧美国家都以生吃蔬菜为主，但他们实现每日 11 份水果蔬菜的推荐量永远难上加难。只要自己尝试一次就知道：

一棵中等大的圆白菜，如果炒食，只能盛满一盘；如果像比萨饼店一样切细丝生吃，则可以装满6～8盘。而吃这么多盘的蔬菜沙拉，需要用掉多少沙拉酱？其中含有多少脂肪？脂肪总量比炒3盘圆白菜还要多。

按我国营养学会的推荐，每日要吃300～500克蔬菜，其中一半是深绿色叶菜。但如果生吃200克这种深绿叶菜，比如菠菜、油菜、芥蓝、西兰花、茼蒿、茴香等，难度实在太大。而豆角、豌豆、毛豆之类蔬菜，生吃还有毒性。所以，完全生食蔬菜的生活，蔬菜品种会大大受到限制。西方人经常生吃的，也不过那么几种而已，其他很多品种的蔬菜，如芦笋、茄子、甜菜、南瓜、西兰花、豌豆等，他们还是要熟吃的。

选择生食：看体质量力而行

很多人听说，生的蔬菜水果中有很多酶类，它们可以帮助消化。其实，对于消化能力强的人来说，蔬菜水果中的酶类在胃中便大部分被杀灭了，因为胃液的 pH 值低达 2 以下，而蔬菜水果中的酶在 pH3 以下几乎不能活动。

对于胃液不足、消化能力较差的人来说，蔬菜水果中的酶可以在一定程度上发挥作用。不过，这些酶未必都是有益的酶，蛋白酶帮助蛋白质消化，淀粉酶帮助淀粉消化，但氧化酶却会破坏多种维生素。

真正有效帮助消化的食物，与其说是生的蔬菜水果，不如说是发酵食品，比如没有经过加热的酸奶、腐乳、醪糟、豆豉等。因为微生物中的酶往往活性高，耐热、耐酸能力强，比蔬菜水果中的酶作用效果好得多。

另一方面，人体的消化酶在体温 37℃时活性最高，如果吃进去大量冷的蔬菜水果，胃中酶的活性会有所降低。如果身体强壮，产热能力强，可以通过加快胃部血液循环来提高酶的活性；如果本来身体虚弱怕冷，产热能力差，血液循环不好，消化液分泌不足，那么多吃生冷食物之后，很容易造成胃胀、腹胀等不适感觉。产妇不能吃生冷食物，正是这个道理。

同时，生蔬菜中含有较多未经软化的纤维，对肠胃有一定的刺激作用。

由于生吃蔬菜需要仔细咀嚼，对控制食量有好处，比较适合胃肠消化功能很好的超重肥胖者、高血压、高血脂、糖尿病等慢性病患者。如果本人瘦弱、贫血、食欲不振、食量偏小，相比而言就不太适合经常生吃大量蔬菜。

大众选择：生食与熟食完美结合

最要记取的是，熟食绝不意味着高油脂烹调，也不意味着加热温度过高，产生有害致癌物质。

通常食物只有在120℃以上才会产生有毒物质，160℃以上这些有害物质的产生量才会快速增加。我国传统烹调方法中有很多烹调温度较低的熟食方法，包括蒸、焯、白灼、炖煮等。把蔬菜在沸水中快速焯过，或者快速蒸熟，可以极大地提高安全性，特别适合脆嫩蔬菜和绿叶蔬菜的烹调。

一项在菲律宾进行的研究发现，煮熟的胡萝卜，哪怕只加几克油，就能充分吸收胡萝卜素；但如果生吃，就需要几十克油才能充分吸收。这是因为烹调软化了细胞壁，让胡萝卜素能充分与油脂接触。

即便是炒菜，也并非一无可取之处。研究表明，不冒油烟的快速炒制，或短时间微波烹调，可以保留蔬菜中的绝大部分营养成分和抗癌物质。虽然会有一些营养素的损失，但是由于熟蔬菜的摄入量比生蔬菜大得多，只要把量吃够，也能得到足够的营养素。

真正需要反对的，不是熟食，而是加入大量油脂、高温过油、过火甚至煎炸、让蔬菜经过多次加热，还有挤掉蔬菜中的菜汁等错误的烹调方法。

总体而言，是否选择生食，要看个人生活条件和体质状况而决定，体质强、消化力强、身体发热能力强、食欲旺盛、经常便秘的人适合多吃一些生蔬菜，而体质弱、消化力差、食欲不振、容易胀肚、容易腹泻的人适合少吃一些生蔬菜。

总之，生食与熟食各有优势。对大多数人来说，吃清淡烹调的熟蔬菜，加上部分清爽脆嫩的生蔬菜，再配以少油烹调的肉类，应是最理想的选择。

2. 要控油

电视美食里的营养误区

假日有点空闲，偶尔也会看看电视上的美食节目，多半都会看出不少问题来。比如某台播出的一个节日美食制作：香脆薄馅饼。

这馅饼的制作方法是这样的：

（1）用面粉、盐、小苏打和油和面团，充分揉过，饧一段时间；

（2）肉馅放冷水中，煮变色后捞出。冷水煮肉馅，能令其不结块；

（3）锅中放大量油，再加葱姜末和煮过的肉馅炒香，加酱油和鸡精调味。

（4）把饧过的面团做成薄片，把带油的肉馅均匀地铺在一半的面积上，另一半面片盖在上面，制成方形薄肉饼。

（5）锅中放一大锅油，把肉饼投入其中，炸成金黄色后捞出。

首先看看，这道美食的第一大问题——油太大，绝对高脂肪高热量。

面团已经放了油，这是为了用脂肪将面筋隔开，避免其韧性太强，以便拉伸成薄片。而为了让肉馅互不粘连，肉馅与面片之间不粘连，又放了很多油来炒。最后投入油锅炸，自然又吸入不少油。

经过这样三道处理，这道美食会含有多少脂肪呢？想想就知道，超过40% 一点都不奇怪。

然后看看，这道美食的第二个麻烦——维生素损失太多，主要是维生素 B1 和 B2。

人们都知道，维生素 B1 是一种水溶性维生素，它非常怕碱，也害怕高温加热。B2 虽不太怕热，但很怕碱，也会随水流失。面团中那点维生素 B1，经过加碱和面，已经损失惨重。猪肉本是特别富含维生素 B1 的食品，但在煮肉馅的时候把水扔掉，大部分维生素已经溶于水中被抛弃。然后，面团和肉馅中残存的那点维生素，又在油锅当中被摧残殆尽。

面团中加小苏打，一方面能让面团的吸水性改善，另一方面能在油炸

的时候让面食疏松。但是，这种方式于营养价值而言，实在是一大损害。它造成的损失，甚于煮粥加碱。因为面粉中的维生素 B1，本来是要比大米中多一倍的。

这样的美食，就像炸薯片一样，虽然口感不错，技艺精湛，但是于健康有什么好处呢？制作当中，费如此多的手工，消耗水、电、天然气等资源，最后吃到一种不健康的食物，总觉得实在不值得推荐。

食品在烹调和加工中，有些营养损失是难以避免的事情，但合理的加工至少可以尽量保留其中的有益成分，少引入一些不利于健康的成分。而这道美食，似乎是背道而驰。

然而，看看我们的电视屏幕上，这样的美食难道还少吗？假如中华美食向这个方向发展，它的前途会怎么样呢？与改善民族体质的目标，实在是南辕北辙。我们的电视媒体，特别是生活类节目，对百姓的生活影响最大，这方面不可不慎。假如不能在介绍美食时尽量考虑健康原则，至少应当加一个健康提示，让人们知道，进行哪些步骤改良，可以适当减少脂肪含量；也应当让人们知道，有些美食只可偶尔品尝，绝不能经常大快朵颐。

低脂又美味的绿叶菜吃法

我曾去过江苏的三个城市工作，深感餐馆食物之油腻。无论是烹调肉类还是蔬菜都大量放油；炒蔬菜泡在油里，汤的表面也汪着厚厚一层油。无论怎样叮嘱服务员做菜少放油，就是不起作用。有时实在忍不住，就向服务员要个小碗，把汤表面的油撇出来再喝——通常都能达到多半碗甚至一碗。炒青菜呢，就在加了醋的热水里涮一下，把表面的油去掉一些再放进嘴里。

这里人常把一句话挂在嘴上：油多不坏菜。陪同的人解释说，素菜尤其要多放油，这叫做素菜荤做。这些话相当奇怪。菜应当浓淡相配，有的浓郁，有的清爽，怎能所有的菜都泡在油里？鲜美的汤本身就很好，上面汪着厚厚一层油并不会增加它的美味啊！而且，我根本没觉得餐馆里所谓的“素菜荤做”有什么好吃，还远不如我在家自己炒的蔬菜好吃，除了油腻的感觉，只有味精的味道，单调得很。口感也把握得很不到位，说软不软，说脆不脆。

很多朋友都问过我，说自己不会烹调绿叶菜，怎么做都不好吃。其实，不油腻的绿叶蔬菜很好做，而且很美味。这里就给大家说说我最常用的三个方法。

方法一：白灼

这个广东传来的方法非常科学，经过改良就能变成健康的烹调方法。先烧一锅水，烧开后撒入一小勺油和一小勺盐（传统上白灼蔬菜用盐，是因为钠离子有助于保持菜叶的绿色，在北方碱性水条件下可以省略，因为碱性水本身就能保持绿色，自然是不放盐更健康）；把蔬菜洗净，分批放进滚沸的水里（一次四两左右为宜，看水多水少），盖上盖子闷大约半分钟。再次滚沸后立刻捞出，摊在大盘中晾凉（夏天大盘最好放冰箱预冷，效果更好）。

在锅中加一汤匙油，按喜好炒香调料（如葱姜蒜等），加入 2 汤匙白水，再加鲜味酱油或豉油 1 汤匙，马上淋在蔬菜上即可。或者可以用冷调法，加少量酱油或盐，再加少许醋和香油来拌。按喜好可以加入胡椒粉、辣椒油、鸡精、熟芝麻等来增加风味。记得调味汁的咸味一定要淡一点，如果焯菜的时候已经放了盐，后面就不要再放了。

这种方法简便快速，菜色鲜亮，脆嫩爽口，不会让菜变得韧性难嚼。

方法二：炒食

锅中放2匙油，加入自己喜好的香辛料，如葱姜蒜等，但我个人推荐加花椒或大茴香——这样才是真正的素菜荤做，炒出来有类似于荤菜的香气，让绿叶蔬菜一下子变得格外生动美味。

香辛料下锅用中小火，稍微煸一分钟，让香气溶入油中。然后转大火，立刻加入蔬菜翻炒，通常也就炒两分钟。如果菜不太容易熟，可以盖上盖子焖半分钟，让蒸汽把所有菜熏熟。赶紧关火，加入少量盐翻匀即可。如果喜欢的话，起锅时关火，立刻加半汤匙生抽酱油翻匀，可以起到勾边提香的效果。如果喜欢加鸡精或味精，就一定要减少加盐的量，避免钠过量。但如果有了香辛料，火候又掌握得好，不加味精也足够好吃。

方法三：煮食

先烧半锅水（当然，如果是鸡汤、肉汤最为理想啦。水不要太多，蔬菜能没入就好），加入两匙香油（如果是鸡汤肉汤，自带少量油，就无须加香油了）。可以按喜好加入香辛料，比如几粒花椒或几粒白胡椒。沸腾后加入特别容易煮的青菜，比如蒿子秆、鸡毛菜、嫩苋菜之类。煮两三分钟，关火调味，加入少量盐调味即可。大部分蔬菜没有鸡精也好吃，实在喜欢鲜味，又没有肉汤鸡汤，可以少加一点点鸡精，不要夺了蔬菜本身的新鲜味道。

我觉得有些蔬菜这样做已经足够好吃，有上汤蔬菜的感觉，柔软可口。特别是炒的时候容易老的蔬菜或纤维多一点的绿叶蔬菜，用这种煮食方法特别好。

@范志红_原创营养信息

做菜的合适油温很容易测定。先扔进去一小片葱白，看看四周是否欢快地冒泡。泡太少就说明温度不够，泡多而不变色，就是温度合适。如果颜色很快从白变黄，就说明温度已经过高。这时候用手放在锅的上方，感受一下温度。记住这种感觉，以后按照这个状态来放菜就可以了。

美味又健康的肉食做法

说过了如何清淡烹调蔬菜，就有很多朋友来问：肉食能不能清淡烹调还保持美味呢？当然也是可以的啦。

肉类往往是膳食中脂肪的来源，但不同的肉类，脂肪含量差异甚大，根据烹调方法的不同，成菜中脂肪含量的差异也非常大。那些需要油炸、油煎、红烧的烹调方法往往会让本来脂肪低的肉类提高脂肪含量，而白煮、清炖、烤箱烤等方法不仅不会提高脂肪含量，对于脂肪含量高的食物来说，还能令其“出油”。

方法一：清炖

这里所谓清炖，就是不加油，直接把肉放入铁锅或砂锅当中，加入适量的冷水，水量不用太多，能淹没肉即可。

肉下锅之前是否要用沸水焯烫一下，要看肉的品质和种类，以及烹调的目标。一般来说，新鲜鸡肉是无须提前焯烫的，优质新鲜牛羊肉也不需要。但是，大部分猪肉或者质量不太满意的牛羊肉，就最好先做焯烫处理，否则直接下锅可能味道不正。我曾用有机山黑猪的排酸肉试过，即便不焯烫，味道也足够好。此外，如果想要吃肉，热水下锅或烫久一点亦无不可，但如果兼要用汤，必须冷水下锅，焯烫时间也要短，去掉血水即可。

在锅中加入香辛料，比如姜片、花椒、桂皮、月桂叶等，按照不同肉类食材来调整用量。一般来说，猪肉味臊，需要加入一两粒大茴香；而牛肉味正，不用加这种味道过浓的香辛料，加姜片、月桂叶和少许小茴香即可。鸡肉除了姜片和月桂叶之外，可以加几粒花椒，味道更香些。当然，这些都可以按个人喜好进行调整。调味料不宜过多，以免夺去肉的本来香味。

调料加好之后，大火烧开，然后改成微火慢炖。鸡肉需要半小时，猪肉需要一小时，牛肉需要更长的时间，一直到汤香气扑鼻，肉柔软好嚼为止。此时才加入盐、鸡精、胡椒粉等进行调味，然后上桌食用。还可以在起锅前 15 分钟加入其他配料，白萝卜、胡萝卜、土豆等，蘑菇、木耳、笋片、海带等耐煮的材料则可以一开始便加进去，煮的时间长，味道就更鲜美。

隔水炖多半也属于清炖，常用于保健食材的制作。就是把食材放在有盖的小陶罐或磁盅里，然后放在蒸锅当中长时间蒸炖。这种炖法香气不会散失，味道自然也好，只是量太小。

上桌的时候，撇去浮油，撒入香葱花、香菜末等。只要材料足够新鲜优质，清炖出来的味道非常令人满意。

方法二：白煮

白煮的方法和清炖比较像，但它需要多加一点水。加入香辛料，煮到肉质软烂为止，完全不放油和盐。然后捞出其中的肉，用酱油或特别配制的调味汁来蘸食。飘着少许油的汤也不浪费，可以拿来煮蔬菜吃。这样就用一份食材的脂肪做出两份不错的菜，而且一点油都不用额外加。

这种方法适合本身脂肪偏高的食材，比如说，排骨、鸡翅、牛腩等。它对于食材的新鲜程度要求是最高的，比如我老公最爱的鲜口蘑煮鸡翅中，就是这么做的……

方法三：凉拌

把白煮的方法略微改改，肉块切大一些，煮到八成软就捞出来，就可以用来凉拌。把这些肉切成薄片，或者把鸡撕成肉丝，放到大碗里，然后加入各种调味品，做成凉拌菜，味道也是非常不错的。调味的风格可以做成麻辣风格、咸鲜风格、蒜香风格、葱香风格、怪味风格等，各有美味。过去老北京有道“蒜泥白肉”的菜，用的是五花肉片，其实换成瘦肉片也一样好吃。

甚至，这个方法还可以推广到回锅肉上。把肉煮到七成软，然后切成片或丝；在蔬菜炒到快熟的时候，加入这些熟肉片、熟肉丝翻一下，最后淋点酱油出锅即可。这样就免了给肉丝过油的麻烦啦，还能赚一锅好肉汤，拿来做汤、做菜、煮汤面或馄饨……

方法四：酱炖

但是，还有很多人喜欢颜色深浓、香气浓郁的酱肉。这也不难，只不

个人资料（请务必完整填写并回传）

姓名 ________________________ □先生/□女士

Email ________________________ 生日______年____月____日

固定电话 ________-________________ 手机 ________________

单位 ________________________ 职业 ________________

地址 ____

____

QQ/MSN ________________________ 邮编 ________________

读者调查表

您从哪本书得到这张卡片的？ ________________________

您从哪里购得本书的？ ________________________

您的阅读方向？ ________________________

____

您还希望我们出版或引进哪类书？ ________________________

____

您的意见或建议？ ________________________

____

____

如何加入后浪读书俱乐部?

1. 拨打热线010–64072833–824，向客服人员登记您的信息。
2. 发短信至13911401220，我们将回电登记您的信息。
3. 将此信息登记表传真至：010–64018116
4. 登陆网站：www.hinabook.com，点击右上角"注册"，填写会员信息登记表。
5. 邮寄至：北京市东城区朝阳门内大街137号 世界图书出版公司北京公司 后浪出版咨询（北京）有限责任公司 邮编：100010

过把清炖的方法稍微改一改。锅要用铁锅，在清炖到一半时，加入2勺大酱（纯黄豆做的酱），再加少量冰糖继续炖，让酱的香气和咸味慢慢地渗透进去，比直接用酱油效果还要好呢。到肉变软的时候，再打开盖子，稍微把火开大，并不断翻动，让水分浓缩一些，就可以得到类似于酱卤肉的效果了。这种方法又方便，又少油，不产生任何致癌物质，还不会产生油烟、不污染厨房呢。

其实啊，古人做红烧肉就是类似这样的方法。当年苏东坡说“慢着火，少着水，火候足时味自美”，实际上并没有把肉放在油里炒，更没有上糖色。就是把肉放在锅里加水慢炖，再加些调料。苏东坡那时候有豆酱，但酱油还没有普遍出现，所以他最可能是用盐、糖、料酒和酱来调味的。不过这些调料不能早加，因为古人早就认识到，“炖肉加盐过早则难烂”，所以在炖到半途之后再加最理想。

3. 要控盐

@范志红_原创营养信息

多吃盐的危害很多。除了会升高血压，还会增加胃癌风险，增加肾脏负担，促进水肿，增加尿钙排出而加剧缺钙情况，加剧女性经前期的不适，不利于皮肤保持细腻滋润状态，使咽喉口腔常有黏液不舒服，等等。少吃盐是养生和美容的重要原则。

给父亲们的减盐建议：1. 拌凉菜时不提前用盐腌；2. 炒菜出锅时再加盐；3. 炒菜不加糖，避免减少咸味；4. 拌菜多加醋，显得味道重一些；5. 少放盐，用胡椒、花椒、薄荷、孜然等香料来增加味道；6. 如果要加鸡精，就只放一半盐；7. 坚决不吃有咸味的主食；8. 煲汤只有若有若无的咸味；9. 只用低钠盐。

各位父母注意啦，别因为孩子不爱吃饭就用鸡精或味精提味。幼儿味觉极其敏锐，绝不能按成年人的味觉喜好来烹调幼儿食物。从小习惯淡口味，会让孩子受益一生。

对于放盐偏少的食物，只要多多咀嚼，延长在口腔中停留的时间，就会发现它的天然味道，并不那么寡淡难受。追求浓味，在很大程度上，是因为吃的时候速度实在太快，来不及感知较淡的味道。

4. 低温烹调更健康

高温烹调的淀粉食物可能致癌

前阵子媒体上出现了这样一条信息：某些国际大牌食品被指致癌物超标，甚至包括婴幼儿食品和早餐麦片食品。这条消息让很多妈妈十分紧张，因为这里所说的致癌物“丙烯酰胺”虽然不属于高毒物质，但它属于人类可能致癌物，人们担心长期大量摄入有可能增加一些癌症如肠癌等的风险，因为它能够和人体的DNA成分发生反应。还有一些喝咖啡的朋友感觉不爽，因为咖啡和饼干这些下午茶和加餐中的常规食品，也都被证实具有相当高的丙烯酰胺含量。

其实这个丙烯酰胺并不是什么罕见的东西，它几乎在所有高温烹调的含淀粉食物当中都存在，存在千万年了。丙烯酰胺这种东西呢，在工业中有广泛的应用，在化学实验室也常见踪迹。做生物化学实验的丙烯酰胺凝胶电泳时，老师曾经忠告说，丙烯酰胺具有神经毒性。

很多年以来，人们一直坚信，淀粉类食物高温加热不会有任何不良物质产生，甚至焦糊之后还有利于消化。比如说，人们吃烤糊的馒头片来治疗胃病，吃烤焦的麦芽来治疗消化不良。不过，就在10年前，瑞典科学家发现，高温加热的淀粉类食物会产生丙烯酰胺，而且数量还不算太少。

这个发现相当轰动，在短短的10年中，国际上已经有了几千个食品中丙烯酰胺的测定数据，而且大致弄明白这个东西到底是哪里来的——它是含蛋白质食品和含淀粉类食品中的某些氨基酸和糖类在高温下发生复杂反应的结果，和美拉德反应有密切相关。在食品加工之前，根本没有这种东西存在；只有在加热之后，才会产生大量的丙烯酰胺。

毒物是怎么来的?

按研究的结果，丙烯酰胺有几个主要来源途径（对化学了解不多的朋友可以忽略这部分）：

首先是直接从氨基酸生成丙烯酰胺。比如，天门冬酰胺（Asn）在受热之后，脱掉一个 CO_2 和一个 NH_3，即可转化为丙烯酰胺。凡是富含天门冬酰胺的食物，都非常容易产生丙烯酰胺，比如土豆、麦类、玉米等都是富含天门冬酰胺的食品。

第二个途径，是氨基酸和淀粉类食物中的微量小分子糖在加热条件下发生“美拉德反应”，生成丙烯酰胺。在食品中，只要是含淀粉的食品，一般都会同时含有一些蛋白质，比如所有的主食、所有的薯类、所有的淀粉豆类。不过，各种氨基酸合成丙烯酰胺的“能力”有所不同。其中还是以天门冬酰胺独占鳌头，其次是谷氨酰胺（Gln），再次是蛋氨酸（Met）和丙氨酸（Ala）等。淀粉倒是不产生丙烯酰胺，但淀粉分解产生的糖会产生丙烯酰胺，葡萄糖最有效，后面依次是果糖、乳糖和蔗糖。

第三个途径，是脂肪和糖降解形成丙烯醛，然后和氨基酸分解产生的氨结合，形成丙烯酰胺。凡是油炸的食品，都会发生油脂热氧化反应，而反应产物之一就是丙烯醛，它是一种挥发性小分子物质，和油烟的味道有密切关系。油炸食品特别容易产生丙烯酰胺，这是理由之一。此外，蛋白质氨基酸分解也能产生少量的醛类，其中包括丙烯醛。

食物越香越浓重，毒物含量越高？

一般来说，丙烯酰胺的产量，和食物中美拉德反应的程度呈现正相关。同一种含淀粉食物，经过热烹调之后颜色越深重，香味越浓郁，丙烯酰胺的产量也会越高。

而且丙烯酰胺产生的“最佳条件”和美拉德反应几乎完全一致。比如这个反应在130～180℃之间最容易发生，120℃以下产量非常少，160℃以上产量快速增加，而160℃正好是人们日常炒菜和油炸的起点温度。

美拉德反应是烹调中最受人们热爱的一系列反应。它让食物产生美妙的香气和诱人的颜色。人们把白色的面包胚和蛋糕坯放入烤箱，烤成时就有了红褐色的颜色和浓浓的香气，而这颜色和味道全赖美拉德反应所赐。烤千层饼、炸油条、炸麻花、烤饼干、炸薯片等食品，如果没有了这个反应，就不会有表皮颜色的改变，也没有了香味，那还会有谁想吃它呢？虽然这个反应会减少食品里的必需氨基酸含量，特别是消耗掉不少赖氨酸，为了美味，人们也毫不可惜。不过，减少点氨基酸人们能承受，一听说能生成疑似致癌物丙烯酰胺，人们还是会有点担心。

在问题食品当中，速溶咖啡含高量丙烯酰胺的消息并没有引起很大关注。其实经过烤制的咖啡本来就不是个绝对“安全”的食品，其中不仅有丙烯酰胺，还有微量的3,4–苯并芘，而苯并芘的毒性高于丙烯酰胺。鉴于人们实在喜欢喝咖啡，而且咖啡不可能论公斤，每天也就几克的量，它实际带来的丙烯酰胺摄入量并不算高。

相比之下，饼干的数据引起了更大的关注。英国食物标准局的检测证明，某种“儿童手指饼干”中的丙烯酰胺含量达到598微克/公斤，而某种姜汁饼干甚至达到1,573微克/公斤。妈妈们非常关心，幼小的孩子，解毒能力远不如成年人，宝宝的身体能处理得了这么多有害物质吗？

少吃这种毒物的对策

到底哪些食品丙烯酰胺含量最高，怎么吃才能减少和它接触的机会呢？

先说说哪些食品的丙烯酰胺含量最高。国内外测定表明，最容易发生丙烯酰胺超标的食品是各种油炸的薯类食品，如炸薯片、炸薯条、炸土豆丝、炸甘薯片等，还有油炸面食品，如油条、油饼、薄脆、排叉、馓子等，以及焙烤食品，如饼干、曲奇、薄脆饼、小点心等。

不过，即便不是这些专门制作的油炸、焙烤食品，淀粉食物在日常烹调中也有机会产生丙烯酰胺。比如说，如果把馒头做成油炸馒头片和油煎馒头片，摄入的丙烯酰胺就会大大增加；又比如把米饭底做成锅巴，就比米饭的丙烯酰胺高；吃烤得很香的油酥烧饼，也会比普通发面饼或大饼的丙烯酰胺高。

还有研究发现，用微波炉来烹调米饭（烹调时间较长），会大大增加其中的丙烯酰胺含量，尽管含量仍然不算高，和煎炸食品还有很大差距，但也引起了不少人对微波炉的担心。其中的可能原因是，米粒是一个“包裹”得很严实的颗粒，和蛋黄的情况类似。微波加热的时候，米粒内部的热难以散出，可能造成米粒中心部分出现过热情况，超过120℃，从而增加丙烯酰胺的产量。有研究表明，微波加热时，只要把功率调低一些，在加热达到目标的时候，产生的丙烯酰胺数量并不多，甚至因为加热时间缩短，微波炉烹调爆米花所产生的丙烯酰胺量还略低于用普通锅处理时。目前并没有数据能证明，一两分钟的短时间微波加热，而且最终温度只有60～80℃的情况下（热剩饭剩菜到这种程度就可以了），会带来丙烯酰胺大量增加的问题。

总的来说，要想远离这种物质，只要遵循以下一些饮食原则就行了：

（1）主食烹调中尽量采取蒸煮炖方法，少用煎炸烤方法。

（2）尽量少吃各种油炸食品，比如油条、油饼、馓子、麻花、排叉、炸糕、麻团等，炸蔬菜丸子、炸肉味淀粉丸子、裹面糊的炸鱼炸虾等也要少吃，因为它们都加入了淀粉。

（3）尽量少吃烤制、煎炸、膨化的薯类制品，如炸薯片、炸薯条、炸土豆丝、烤马铃薯片、炸甘薯片等。

（4）如果要进行炸烤烹调，尽量把块儿切大点，片儿切厚点，不要太薄。

（5）烤馒头片、面包片不要烤到太黄的程度。

（6）饼干等用面粉制作的零食，颜色越深，丙烯酰胺含量越高，宜少吃。

（7）少吃颜色变深的香脆膨化食品，哪怕是非油炸加工品。

（8）不要给幼儿过早吃各种饼干，早餐谷物脆片也要小心，更不要吃薯片和任何煎炸食品。购买婴儿用焙烤食品的时候，尽量选择颜色浅的产品。

（9）微波炉加热淀粉类食物时，注意把火力调低一点，在保证食物达到可食状态的前提下，时间尽量缩短。这样不仅丙烯酰胺产生量少，对保存营养也是最理想的。

其实，食物所带来丙烯酰胺，只是人们值得注意的一个问题，并不是饮食中健康隐患的全部。油炸所产生的麻烦，以及精制糖和大量盐所带来的健康害处，要比微量的丙烯酰胺更让人担心。丙烯酰胺的发现，只是给了我们更多的理由，坚持不吃煎炸主食、少吃各种甜点饼干，不要过度追求口感。坚持这样的原则，能保护我们的身体少受伤害。

小心食品中的“糖化毒素”

我写过一篇博文，讨论怎样烹调鸡蛋最不健康，其中提到了“糖化蛋白”这个概念。于是有些医生问我：食物中的糖化蛋白和人体健康有什么关系呢？食物中的蛋白质和糖不是会被消化道分解吗？它怎么可能直接致病呢？

鉴于这样的疑问，这里再讨论一下食品中的糖化蛋白问题。它到底是消化之后就彻底无害的成分，还是货真价实的食品毒素？

食品中的糖化毒素

凡是患上糖尿病的人，以及与慢性病治疗有关的医生都知道，“糖化蛋白”是个坏东西，特别是晚期糖基化终产物（AGEs）更糟糕。它几乎被看做是毒素，在糖尿病和多种慢性病当中，都是人体的重要致病因素。人们知道，它是糖、脂肪中的羰基和蛋白质、核酸等物质的游离氨基之间发生“美拉德反应”的结果，而且具有高度的反应活性。在正常生理反应当中，这种反应难以完全避免，但是如果这个反应过度，高水平的AGEs进入组织器官当中，就会造成组织损害，破坏正常细胞的结构和功能，从而引发一系列可怕的疾病。

除了体内，食物也会在烹调过程中产生同样的AGEs物质，而且数量可以相当大。动物食品以及脂肪含量高的食品当中，都往往含有相当高水平的AGEs。特别是那些炭烤、烧烤、炖烧、油炸、干煸等烹调方法，所产生的AGEs水平特别高。而这些食物，往往口味又非常诱人，是很多人最钟爱的烹调方法。研究数据表明，现代饮食当中，AGEs的总量往往是相当惊人的。

不过问题在于，体内产生AGEs很糟糕，是否食物中的也一样糟糕？过去，医学界认为，这些食物中的AGEs产物无关紧要，因为在消化道中，蛋白质会被分解，糖基也会被切下来，人体不会吸收进去。

然而，最近20年来的研究证明，食用含有大量晚期糖基化终产物的食品，的确会提高实验动物和人体内组织的AGEs含量，而且的确有促进动脉硬化、肾脏疾病、糖尿病等多种疾病发展的作用。另一方面，让患有糖尿病、心血管疾病和肾脏病的患者严格限制膳食中的AGEs，也的确起到了预防疾病恶化、提高胰岛素敏感度和促进创伤愈合以及延长生命的作用。研究证实，限制膳食中的AGEs，的确能够降低体内的氧化应激指标和炎症反应指标。

因此，可以这么说，如果能够减少食物中的AGEs摄入量，对于人体预防慢性疾病的发生和延缓身体衰老，可能是有所裨益的。把食物中的晚期糖化蛋白产物称为"糖化毒素"，也不过分。这类毒素或许不属于食品安全问题——它是人们自觉自愿地制造出来的，自觉自愿地吃下去的，但它们的确会影响人体健康。

糖化毒素哪里来？

那么，这些AGEs，或"糖化毒素"，在哪些食品中比较多呢？

糖化蛋白产物其实普遍存在于日常的食品之中，但不同食品中的含量却相差甚大：

牛肉、黄油、各种不新鲜烹调油等富含油脂的食物一般含有较高的糖化毒素，这是由于脂肪氧化后会产生大量活性羰基，加速糖化蛋白的产生。比如煎牛排中的含量高达10,058kU/100克，烧烤的鸡皮中是18,520kU/100克，煎培根中居然高达92,577kU/100克！

主食、豆类等以碳水化合物为主的食物含量相对较少。比如米饭中只有9kU/100克，面包为100左右，煮土豆是17。只有加了脂肪一起高温加工后，它的糖化毒素才会明显升高，比如洋快餐的炸薯条中就上升到1,522kU/100克，某洋品牌的土豆脆片产品平均是1,757kU/100克，巧克力曲奇是1,683kU/100克。

新鲜的蔬菜、水果、牛奶、鸡蛋等属于糖化蛋白含量很少的食物，如全脂牛奶是5kU/100克，番茄23kU/100克，胡萝卜罐头是10，烤苹果为45，葡萄干120。这可能是由于蔬菜、水果等食材中富含抗氧化物质，可以抑制体内及体外糖化蛋白的产生。

因此，为了减少食物中糖化蛋白的摄入，糖尿病病人要少吃高脂肪的食物，多吃一些蔬菜并适量食用低糖水果，这样有助于减少糖化蛋白的摄入，同时对控制体内糖化蛋白的产生也有积极的作用。

相比于天然食品，很多加工食品可以说是糖化毒素的储存库，比如饼干、薯条以及一些腊肉食品都含有极高含量的糖化毒素。这是因为它们含有大量饱和油脂（黄油、氢化植物油）或采用饱和程度很高的棕榈油炸制；烘烤及油炸的温度高，产品水分少；同时原料中富含碳水化合物和蛋白质——这些条件都十分利于生成糖化蛋白。可以说这几类食品的制作过程就相当于糖化蛋白的加工厂，因此慢性病人一定要避免食用这些食物。

厨房会造出糖化毒素

即便选择了低糖化毒素的食材，比如新鲜的奶、蛋、蔬菜和粮豆，食物进入到人们口中还要经历一项重要的步骤——烹调。前面讲到，加工往往会大幅增加糖化蛋白的含量，其实烹调方法不当和工业加工一样，都会造成糖化蛋白的大量增加。

例如，鸡蛋属于糖化蛋白含量很低的食品，水煮荷包蛋后是 90kU/100，黄油炒蛋后升高到 337，而经过油煎后，糖化毒素含量会升高到 2,749kU/10 克，接近牛肉的含量。烤土豆仅有 72，而家庭做的炸薯条则上升到 694。可见除了选择合适的食材外，采用适宜的烹调方法更值得人们注意。

总体而言，有助于减少糖化毒素产生的烹调原则是这样的：

（1）烹调时一定要少用油，因为在添加大量油脂的条件下，特别容易生成糖化蛋白；

（2）与富含不饱和脂肪酸的油脂相比，用饱和脂肪酸含量高的油脂烹调后，糖化蛋白含量会有大幅度上升，因此应该尽量避免使用动物油来烹调食物；

（3）避免高温、干燥的烹调条件，用水作为烹调介质最理想——水煮沸的温度不会超过 100℃，还能提供高水分活度的环境，非常有利于抑制糖化蛋白的产生。简单来说，就是在烹调中常用焯、煮、炖、蒸的方法，避免油炸、煸炒、烧烤等处理。

总之，食物中的糖化蛋白产物一直被人们所忽略，但研究已经证实，食源性的糖化毒素是与疾病和衰老相关的因素，无论是慢性病人还是已经不再年轻的人们，一定要注意这些潜伏在我们身边的隐患食品，如果实在喜爱，也只可偶尔食之，而不能让糖化毒素在餐桌上频频露面，大行其道。

数据来源：Uribabbi J et al. Advanced Glycation End Products in Foods and a Practical Guide to Their Reduction in the Diet，*J Am Diet Assoc*. 2010; 110: 911—916.

@范志红_原创营养信息

【什么温度才产生致癌物】含脂肪食物加热超300℃时（烧烤、深炸、熏烤等）大量产生苯并芘等，蛋白质食物200℃以上产生杂环胺类（油炸、烧烤、过度油煎等），120℃以上淀粉食品产生丙烯酰胺（焙烤、油炸、膨化等）。水煮、清蒸、压力锅煮等烹调方法达不到120℃，故几乎不会因为烹调加热而产生致癌物质。烤箱200℃，但只接触食物表面。只要不烤干，因为有水分蒸发，中心温度不会高于100℃。所以面包表皮含有丙烯酰胺，而内部极少。

3.2 厨房安全要注意

1. 致病菌

从速冻食品到厨房安全隐患

速冻食品曾连连爆出含有金黄色葡萄球菌的新闻，弄得人们对速冻食品担惊受怕，超市中的速冻食品纷纷打出了降价牌子，但还是少人问津。

这件事情，在某种意义上令人高兴，因为通过“金葡菌”这个词汇，消费者终于认识到，原来食品安全问题不仅仅是食品掺假问题和添加剂滥用问题，还有致病细菌的问题。

人们不仅熟悉了金黄色葡萄球菌，知道它广泛存在于自然界当中，人体和食物中都常见它的踪迹；知道它本身不耐高温烹调，但麻烦在于它会产生很厉害的细菌毒素，其中“毒素 A”最为臭名昭著。这种毒素耐热性非常好，煮沸 10 分钟也难以破坏，在古今中外引起过不计其数的食物中毒事件。要想避免这种麻烦，就要在生产全过程当中进行控制，一方面要避免金黄色葡萄球菌的源头污染，一方面要把这些菌的数量严格控制住，让毒素的产量少到不能引起实质性危害的水平；另一方面，要想方设法让细菌得不到好的环境条件，比如保持在低温、冷冻条件下，让细菌没有“精力”来产毒。

速冻饺子之类的带馅食品，本身是未经烹调的生食物，它材料很多，既有鱼肉类配料，也有蔬菜类配料，还有粮食类配料，各种原料中所带的菌都可能汇聚一处，互相交流；清洗、切分、混合、包制过程中，温度都在室温，不可能全在冷藏条件下进行，又给细菌的繁殖提供了机会。生产线上工人的个人卫生和机械设备的清洁程度，也是控制致病菌来源的环节。所以，对这类食品，一定要和对待生鱼生肉一样，在冰箱里和菜板上，都不可以和熟食品放在一起，吃之前要彻底煮熟杀菌。

其实，千万年以来，微生物造成的麻烦，包括细菌总数过多造成食品的腐败，包括致病菌超标问题，包括细菌和霉菌产生的毒素，一直都是食品安全事故当中最重要的关注点。它们引起的死亡和疾病真是数不胜数，即便在发达国家，每年死在致病菌或微生物毒素上的消费者仍然数以千计。

那么，为何在西方国家，人们那么关注致病菌，而中国人却关注比较少呢？其实还是因为老祖宗给我们留下的一个食品安全习惯：什么东西都要煮熟吃，连水都要喝烧开的水。

很多人以为这个老习惯太落伍，总觉得煮熟了会损失营养素，却不知道，在食品加工储藏条件很差、食品安全没有任何标准的古代，如果什么都吃生的，没有加热杀菌这个安全保障措施，胃肠道疾病和寄生虫疾病就很容易暴发流行，中国恐怕很难在两千年中独占世界第一人口大国的位置。

但我们除了吃加热食物，还经常制作生食和凉菜，这就对食品安全提出了更高的要求。事实上，因为有加热杀菌的保障，不少国人对厨房卫生相当漫不经心，不少家庭厨房的干净程度，还不及有资质的食品加工企业。比如，农村厨房四壁往往没有瓷砖，地面房顶并不平滑，难以打扫，灶台油垢厚厚，不能隔绝蚊蝇老鼠的造访，很多厨房没有冰箱冷藏食物。平日吃了家里的东西之后拉个肚子，胃肠疼两天，几乎被人们视为平常，只要不出人命，很少把它和食品安全事故联系起来。

即便是都市居民，厨房往往也是家里最不干净的地方（实际上，厨房应当，而且必须是家里最干净的地方！），而且操作中有很多安全隐患。这里咱们就来细数一下，那些可能纵容致病菌作乱的环节。

（1）厨房环境：

——厨房地面能否做到每天擦净？

——灶台在每餐做饭之后都进行清理清洁吗？

——每年几次给厨房整体（包括墙壁和屋顶）做个大扫除吗？

——擦餐桌、灶台和洗碗刷锅的抹布，是否能分开使用和清洗？

——洗涤剂、去油烟剂等非食用化学物质，是否能和食物分开存放？

（2）厨具清洗：

——刀具和菜板是否在切一种食品之后马上洗净，再用来切另一种食品？

——用来拌生鱼生肉生蛋液的筷子或勺子，是否煮沸消毒或彻底清洗晾干之后，再用来接触其他食品？

——每餐做完饭之后，菜板是否彻底洗净，然后控干水分令其干燥？

——锅具和铲子是否及时洗净，然后晾干或挂起？

——刷碗时是否还在用脏乎乎用了很久的抹布？

——餐后是否及时刷碗，避免微生物在剩食物中繁殖？

——洗干净的碗里有水却不控干，而是冲洗干净之后再用抹布擦干？

——各种清洗剂、防霉剂等，能否做到不同时使用，避免发生不良化学反应？

（3）食材处理：

——处理肉和蔬菜，处理生食物和熟食物，是否能分开菜板、刀具和洗菜盆？

——是否固定某些盘子、碗等用来装生鱼生肉，用过之后不再装熟食品？

——用来拌生鱼生肉生蛋液的筷子或勺子，是否漫不经心地放在灶台上、菜板上，或扔在放满了碗筷的水池子里？

——是否在浸泡、处理过鱼肉之后，只是简单冲一下水池，就把蔬菜、水果等放进去？

——蔬菜是否不洗干净就用水长时间泡着？

——食物是否切了很久还不及时烹调，而是在室温下一放就是一两个小时甚至更久？

——是否在没有经验也没有菌种的情况下，就自己勇敢地动手制作富含蛋白质的发酵食品，比如自制豆豉、纳豆、臭豆腐、发酵鱼之类？

——是否随意使用可能有一定安全风险的物质来处理食材，如嫩肉粉、亚硝酸盐、硝酸盐、纯碱、明矾等？

（4）烹调加热：

——商店外购的熟食是否能加热杀菌之后再食用？

——动物性食品能否做到彻底烹熟再食用？

——豆角、豆子、黄豆芽之类含有毒素和抗营养物质的食品，是否能彻底烹熟？

——在夏秋季节，蔬菜类凉菜是否能尽量用加醋、蒜蓉等方式尽量减少微生物繁殖的风险？

（5）个人卫生：

——进厨房之前是否脱去外衣，换上围裙？

——开始烹调操作之前是否洗手？手上的护手霜和脸上的脂粉是否卸去？

——厨房用的擦手巾是否很少清洗？

——围裙是否经常清洗？

——是否经常用脏围裙或抹布来擦干手上的水？

——是否经常披散着头发进厨房，不扎起来，不戴帽子，或不用头巾包起来？

——是否不处理手上的伤口或疖肿等就下厨？

——是否在流鼻涕、打喷嚏、咳嗽时不戴口罩就下厨？

——是否去卫生间后不洗手、不换围裙就继续处理食物？

——接触过生肉、生鱼、生蛋壳的手，是否及时用洗涤液洗净，然后再接触其他食品或者餐具？

——打鸡蛋之后，生蛋壳是否立刻扔进垃圾桶，而不是随手放在案板上或灶台上？

（6）冰箱使用：

——冰箱是否放得太满？

——冰箱各层是否有分工，熟食放在上面，生食物放在下面？

——冰箱中的食物是否能尽量放入有盖保鲜盒，或用无毒保鲜膜、保鲜袋覆盖？

——是否知道各类食物的最佳储藏温度并放到合适的区域？

——冰箱中的食物是否经常检查，避免过期和霉变？

——冰箱是否每个月清洗一次？

——食物是否能切成一次吃完的份量冷冻？

——是否能做到食物不反复化冻和冷冻？

（7）剩菜处理：

——刚做好的菜，明知道吃不完，是否能提前拨出一部分放在干净的碗或保鲜盒中及时冷藏，其他部分当餐吃完？

——是否在用餐结束后马上把剩菜剩饭放入冰箱，而不是室温下放到第二餐？

——从冰箱里取出剩食物之后，是否充分蒸煮杀菌（100℃以上3～5分钟）或微波杀菌（中心温度70℃以上）后再食用？

——是否能做到剩食物只加热一次，不反复剩，再反复加热？

——蔬菜类凉菜是否能做到一次吃完，不剩到第二天？

——剩的煲汤炖菜等如果体积大没法放进冰箱，是否能在餐后及时再煮沸，然后密闭不动地放到第二天？

让我们切实提高食品安全意识，不仅要挑剔市售食品的安全性，也要让自己的家庭厨房更安全，不要因为家人不会埋怨我们，更不会向我们追究法律责任，就忽视很多食品安全的隐患。

2. 农残

泡和焯能去掉蔬菜中的不安全因素吗？

几乎每次去做大众讲座，都会被问一个问题：蔬菜中的农药怎么去掉？是泡好还是焯好？后来还附加了很多内容：草酸怎么去掉？亚硝酸盐怎么去掉？重金属怎么去掉……

要回答这些问题，先要弄清楚几件事情：第一，蔬菜是最不安全的食品吗？第二，要去掉的这些成分，真的易溶于水吗？第三，要去掉的这些成分，真能从蔬菜细胞里跑出来吗？第四，要去掉这些不利健康的成分，会不会让有益于健康的成分也跑掉呢？

第一个问题：蔬菜真的那么不安全吗？

蔬菜中多少都会有点农药残留，发达国家也不例外。它们只要不超过标准，就无须太担心太纠结。按中国食品安全信息网提供的信息，大城市的超市和市场蔬菜农药超标率和超标程度已经比前些年有明显下降。由于国家陆续禁止了多种高毒高残留农药，目前蔬菜使用的农药毒性较小，降解性较好，在喷药后几天会快速降解，烹调中还会有明显下降，大部分在体内并不会蓄积。所以，只要用国家许可使用的农药品种，残留不超标，没有想象中那么可怕。

有机食品是不许可使用化学合成农药的，合格的有机蔬菜农药方面的安全性会好一些，但某些环境污染物如六六六也多少有点残留。因为这类农药百年不能降解，即便已经停用二十多年，在土壤和水中仍有残留。对于这类农药，蔬菜中的残留量还是比较低的，鱼类、肉类等动物性食品中的含量要比蔬菜中高很多倍。因为农药而害怕吃蔬菜，恐怕并不能保障食品安全，因为鱼肉蛋奶中的难分解农药、重金属和其他污染物的残留量更大。多吃植物性食品，控制动物性食品，从食品安全角度来说，要更靠谱一些。

草酸不是环境污染物，存在于所有蔬菜中，但含量差异非常大。只有菠菜、苦瓜、茭白、牛皮菜等有明显涩味的蔬菜，草酸含量才比较高。大白菜、小白菜、油菜、圆白菜之类蔬菜草酸含量甚微，无须引起关注。至于亚硝酸盐，它们在新鲜蔬菜中含量甚低，通常低于4毫克/公斤，几乎无须担心。所以，对于亚硝酸盐而言，买新鲜菜、吃新鲜菜比浸泡、焯水等处理都重要。

第二个问题：要去掉的这些成分易溶于水吗？

目前我国农业中常用的有机磷农药，多半易溶于水。六六六之类有机氯农药则不溶于水。亚硝酸盐易溶于水，而重金属盐多半是难溶于水的。所以泡也好，焯也好，都很难去掉有机氯农药和重金属。而通过溶水处理去掉有机磷农药和亚硝酸盐，还是很有希望的。

第三个问题：要去掉的这些成分在哪里，能从细胞里跑出来么？

目前能找到的数据证明，蔬菜通过浸泡，可以把大部分表面上没吸进去的农药去掉。但是，一旦已经吸入细胞中，浸泡就不起作用了。我校戴蕴青老师指导的实验证明，用盐水泡也好，弱碱水也好，洗涤灵也好，效果的差异并不非常大，而且20分钟以上的浸泡不会带来更好的效果。我院的本科生毕业研究也证明，对于菌类食品，浸泡并不能降低重金属的含量。甚至还有研究表明，蔬菜浸泡超过20分钟，亚硝酸盐含量会上升。所以，不推荐长时间浸泡蔬菜。

用沸水焯蔬菜，对于去除有机磷农药的效果是肯定的，而且加热本身对于有机磷农药具有分解作用，因此烹调之后，有机磷农药含量会大幅度下降。同时，焯菜还能有效去除草酸和亚硝酸盐。我的学生在实验中偶然发现，焯烫时间过长的时候，某些蔬菜的亚硝酸盐含量又会有一个上升，只不过总量仍然很低，还在安全范围之内。

焯的处理对于去除重金属似乎效果不大，可能主要是由于重金属元素常常呈现不溶解状态，或者与纤维素等大分子结合而留在细胞结构中。

第四个问题，浸泡和焯烫，会不会让有益于健康的成分也跑掉呢？

浸泡时间较短，对细胞结构尚未产生破坏之前，理论上是不会造成营养素损失的。焯烫则不然，它既增加细胞膜渗透性而造成细胞内容物溶出，又因为加热和氧化而导致食物成分发生变化。我这里学生的实验也发现，随着焯烫时间的延长，蔬菜中的维生素 C、维生素 B2 等水溶性维生素含量下降，酚类物质的含量也会下降。钾是一种可溶性元素，它也随着焯烫时间的延长而逐渐溶入水中，从而损失增大；镁元素也会有部分损失。

不过，焯烫还是可以保存一部分营养保健成分，比如不溶于水的类胡萝卜素和维生素 K，不溶于水的钙、铁等元素含量也不会下降。

综上所述，可以得到以下结论：

（1）吃蔬菜并不比吃肉更危险，蔬菜中难分解污染物的含量大大低于动物性食品的水平。

（2）没吸收进去的有机磷农药可以洗掉，吸收进去的也能通过焯水去掉，但它本来就不容易蓄积中毒，加热也容易分解。而有机氯农药和重金属洗不掉，焯不掉，能蓄积中毒。

（3）一定要先用流水洗净蔬菜，此后可以浸泡一会儿，但时间不宜过长，以 20 分钟之内为宜。不要搓洗伤害细胞。

（4）焯烫虽然能有效去掉农药和草酸，但同时也会损失很多营养和保健成分。是否要这么做，看自己的选择。如果选择焯烫，请尽量缩短时间。

（5）亚硝酸盐可以通过焯烫去除，但对于新鲜蔬菜来说，这本来就不是个安全问题。新鲜的蔬菜不仅亚硝酸盐含量低，而且营养素含量高，何必要等到不新鲜再吃呢。

无数研究证实，蔬菜摄入量与多种癌症和心脑血管疾病危险呈现负相关，说明蔬菜吃得越多，人们越能远离疾病。蔬菜里不仅有农药，还有钾、镁、钙、维生素 C、维生素 B2、叶酸、维生素 K、类黄酮、类胡萝卜素、膳食纤维等护卫健康、滋养生命的好东西，是维生素片和其他食物都无法替代的。蔬菜中的膳食纤维和叶绿素还有利于食物中污染的排除，其中的抗氧化物质有利于减少有毒物质的作用。所以，完全没必要因为怕农药而大量吃肉不敢吃菜，多吃菜少吃肉才是更安全更健康的选择。

3. 亚硝酸盐

千沸水、隔夜茶、隔夜菜、腌菜真的有毒吗？

很多朋友问，蒸锅水、千滚水等久沸的水，果然含有那么多亚硝酸盐吗？还有很多人问，隔夜菜、隔夜银耳、隔夜茶，说它们对健康有害，也是因为含有大量的亚硝酸盐吗？

先来说说蒸锅水和千沸水，还包括隔夜水，以及久放的开水。

我的答案是：不一定含有那么多亚硝酸盐。为什么呢？

水里的亚硝酸盐是哪儿来的？通常是来自于硝酸盐。如果水中含有高水平的硝酸盐，那么在煮沸加热条件下，可能部分转变成亚硝酸盐。也就是说，只有水中硝酸盐浓度原来就比较高的时候，才会发生久沸令亚硝酸盐增加这种情况。

但如果水质本来就合格，硝酸盐含量很少，那么煮沸后产生的亚硝酸盐就会很少。亚硝酸盐含氮，氮元素不会凭空产生——化学元素不会凭空产生，也不会因为加热而增加或减少，这个基本原理可不能忘记啊！

问题是，我们所喝的水里，到底有没有那么多硝酸盐呢？在农村地区，这是个大问题。饮用水源被含氮化肥、畜禽养殖场的粪便，或者含氮工业污水所污染，在农村和小城镇是很容易发生的事情。不仅地面水源，连地下水有时都难以幸免。城市的垃圾填埋也可能造成这类地下水污染问题。因为水源被硝酸盐污染，然后被微生物转变为亚硝酸盐，造成人畜中毒的事件在乡村和小城镇地区时有发生。自来水厂处理很难有效去除硝酸盐，因而保证水源质量是非常关键的问题。

说到这里，很想再说一句：保护环境就是保障我们自己的食品安全啊，包括饮用水安全。有多少人能够意识到这个问题呢？

再来说说隔夜菜和隔夜茶之类。它们的麻烦，在于如果原料本身含有较高的硝酸盐，就会被细菌中的硝酸还原酶还原成为亚硝酸盐，过量时可能对人体产生危害。

哪些蔬菜的硝酸盐含量高呢？按照植物学部位来分类，蔬菜中的硝酸盐含量按从低到高排列，依次为：

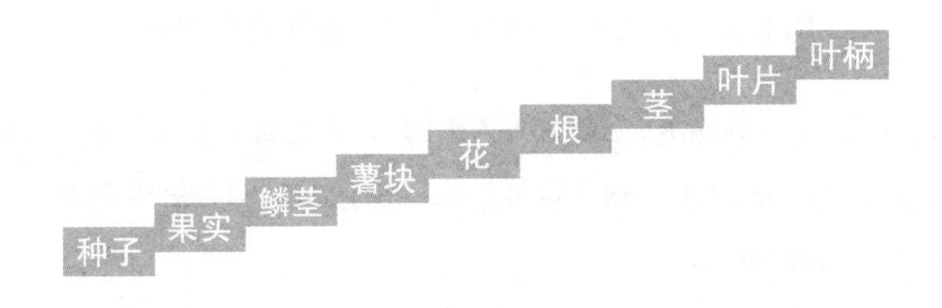

也就是说，豆角、黄瓜、番茄、洋葱之类蔬菜硝酸盐含量原本就很低，无须担心亚硝酸盐问题；而菠菜、韭菜、芹菜和萝卜之类就有这种担心。

但我在博文中已经说过，被媒体爆炒的“超标”隔夜菜中，亚硝酸盐含量实际上是相当低的，完全构不成安全顾虑。

我这里的测定也表明，如果烹调后不加翻动，放入 4℃冰箱，菠菜等绿叶菜 24 小时之后亚硝酸盐含量约从 3 毫克 / 公斤升到 7 毫克 / 公斤。仍然是个很低的量，跟网上报道的数据基本一致。人体吃 0.2 克亚硝酸盐便可能发生中毒，需要吃近 30 公斤的隔夜菠菜才行，显然这是不可能的，所以吃半斤菠菜完全无须担心。

在以前的博文和电视节目中，我多次告诉大家，吃不完的菜要提前拨出来，然后放入冰箱保存，而不要翻动很久，室温存放。这样就能很好地控制亚硝酸盐的产生量，保证剩菜的安全性。假如还不放心，可以先把蔬菜用沸水焯过，其中硝酸盐和亚硝酸盐含量大大下降，冰箱保存就更无须担心了。

用餐时翻动过的剩菜没有测过，必定会比 7 毫克 / 公斤高，但应当还不至于到达引起危险的程度，目前未曾有因为吃冰箱中存放的隔夜菜而引起中毒的报道。

隔夜茶的道理一样，茶叶属于叶类，硝酸盐含量较高。然而，正常泡茶一杯，不过放1～2克茶叶，硝酸盐的总量是相当小的。按蔬菜中硝酸盐含量的最高水平大约300毫克/公斤，2克茶相当于20克鲜叶，一杯茶水的硝酸盐总量只有6毫克，即便全部变成亚硝酸盐，也不至于引起慢性中毒。

相比而言，腌制肉类的亚硝酸盐含量要高很多。亚硝酸盐是嫩肉粉、肉类保水剂和香肠改良剂等肉制品添加剂的必用配料。因此，要小心色泽粉红艳丽，而且从里到外都一样红，口感特别水嫩，味道类似于火腿的肉食，尤其是小作坊、餐馆、农贸市场的产品。

熟肉制品的许可残留量因产品而异，在30～70毫克/公斤之间，个别如镇江肴肉可高达150毫克/公斤。相比而言，哪怕是剩菜，其中亚硝酸盐含量也明显低于合格的熟肉制品。

此外，少量的亚硝酸盐不会在体内蓄积，本身并无致癌效应。它在血液中存在的半衰期只有1～5分钟。亚硝酸盐的毒性，主要在于它能够把血红蛋白氧化成为高铁血红蛋白，从而引起缺氧，导致紫绀症。我们不提倡吃剩菜，还考虑到其中有致病菌繁殖、维生素含量降低的风险等，并不仅仅是考虑亚硝酸盐的问题。吃剩菜之前，至少要把菜热透，菌杀死。

在酸性条件下，亚硝酸盐还会与蛋白质的分解产物发生反应，形成亚硝胺、亚硝酰胺、亚硝脲类化合物。这几类化合物确实有致癌性。如果膳食中缺乏 B 族维生素、维生素 C、维生素 A 等，都可能增加癌症危险。维生素 C、维生素 E 和一些多酚类物质能够阻断亚硝酸盐合成亚硝胺的过程，腌菜时放入鲜大蒜、鲜姜、鲜辣椒等也有减少亚硝酸盐合成和阻断致癌物形成的作用。故而可以这么说，富含新鲜蔬菜水果的膳食能部分消除亚硝酸盐合成致癌物的隐患。

所以，只有吃大量的蛋白质类食品，吃腌制时间少于 20 天的腌菜或不新鲜腐烂蔬菜，又缺乏多种维生素和抗氧化成分，才会把自己置于比较危险的境地。在餐馆里点凉菜的时候也要小心，为保险起见，不是当天制作的小菜不要多吃。

此外，虾皮、虾米、鱼片、鱿鱼丝、贝粒、咸鱼、咸肉等食品吃之前都需要好好闻一下味道，如果感觉不够新鲜，有刺鼻气味，那么它的蛋白质分解产物低级胺类就很多，产生的亚硝胺类物质一定少不了。除了味道，新鲜的虾皮还应当是白色的，粉红色的虾皮和小虾不是已经不新鲜，就是被染了色……此外，吃海鲜干货一定要控制数量和次数，经常吃是很不明智的。

3·3 食物储藏有学问

小心家里的食品产毒浪费

据英国的一项调查表明，英国家庭中的食品浪费比例高达30%左右。这里包括过期、腐败、变味、长虫、长霉等各种情况。料想我国城市家庭中的情况，恐怕也好不到哪里去。

防止食物在家中变质的最要紧预防措施，就是不要贪便宜购买大包装，不要让吃不了的食物占据你的厨房空间。

现在家庭人口越来越少，三口之家是主导，还有两人世界、单身贵族。即便家里有三四口人，也可能经常有老公出差、孩子住校，或者经常在外就餐。所以，做饭做菜的各种原料，使用速度都非常慢。

可是，现在商场的食物包装，却都没有"与时俱进"地减小，大包装的食品仍然占据主导。商场还经常搞"加量不加价"、"买一送一"、"买10赠2"之类的优惠活动，让消费者怦然心动，从而大量购买，产生浪费。

如果实在已经买进家门，应当如何安全储藏呢？这里就和大家讨论一下保存食物的可靠方法。

粮食和豆子的保存

有些人将粮食、豆类直接装入布袋，放在冰箱的冷藏室中，以为这样可以延长保质期。殊不知，冷藏室仍然是会吸潮的。这是因为各种食物的水分会发生平衡，从冰箱中的水果蔬菜、剩饭剩菜当中，转移到比较干的粮食、豆类当中。而且霉菌能够耐受冷藏室的低温，时间久了也有长霉的危险。如果冷藏室确实有空间可以放，也必须先把粮食、豆子装进不透水的袋子当中，密封之后再放入冰箱。

即便是冷冻室，也有吸潮问题，因为在冷冻状态下，冰可以直接挥发为水蒸气，水蒸气还是会接触食品。这也是为什么冻食物的时候经常看到表面有白霜的原因。从冻箱或冰箱取出食物，表面都会产生水珠，如果不是密闭状态，反而吸潮很快。

建议在购买粮食、豆子的时候，优先购买抽真空的小包装。玉米和大米等都是黄曲霉喜欢的食物，但真空条件下，霉菌很难活动。要在晴朗干燥的天气打开真空包装粮食袋的包装，趁着干爽赶紧分装成短时间可以吃完的小袋。一袋在一两周内吃完，其他袋子都赶紧赶出空气，再夹紧袋子，放阴凉处储藏，或者放在冻箱里。

很多家庭喜欢用饮料瓶子保存粮食和豆子。这是个不错的方法，省地方也漂亮整齐。只是，要先保证粮食是干燥的，并在干燥的天气装瓶，然后赶紧拧紧盖子。如果还不太放心，可以加入几粒花椒，它的香味有驱虫的作用，前提是你不在意煮饭的时候有微微的花椒香气。

鱼肉类的保存

酱卤肉可以放在保鲜盒中两三天，而腊肉、香肠可以放在冰箱外的干燥凉爽处。鱼肉类需要事先包装成一次能吃完的数量，放入冷冻室。需要注意的是，生肉、熟食、蔬菜必须分开储藏，不要放在一层、一个抽屉或一个保鲜盒当中。海鲜类和畜禽肉类最好也能尽量隔离，不要放在一个保鲜袋中。

化冻的时候，把鱼肉提前一夜取出，放在冷藏室下层最好是-1～1℃的位置。这样既避免损失营养，保证微生物繁殖少、安全性高，又能保持化冻均匀，味道和口感保持不变。将冷冻好的鱼肉放在冷藏室中，就等于天然制冷，节能环保。

用热水化冻是最糟糕的，用冷水化冻稍微好一点，临时起意的化冻则可以求助微波炉。只要选择其中的“解冻”（defrost）档，就可以在几分钟之内让鱼肉化冻。不过这个工作也没有想象中容易，如果控制不好时间，食物形状又不规则，结果就很可能是一部分已经变色，另一部分还是冰块。

要达到理想的化冻效果，冻结之前的准备也是非常重要的。要提高冷却的速度，让肉类尽快冻结，冻之前一定要把肉切成较薄的片（1~3厘米厚），最好是扁平状，受热更为均匀，且按一次能吃完的量分包，装进保鲜袋，然后平铺在冰箱速冻格中，快速冷冻，冻硬后再放入冷冻盒。这样不仅冻结速度更快，化冻也方便，因为薄片状态的升温也会更快。

肉类千万不可以反复冻结－化冻。这样的食物不仅不安全，口感、风味都会严重变差。建议一次化冻之后，先全部烹调，然后再把烹好的食物分成若干小份，3 天内能吃完的份儿可以放冷藏室中，其余分包冻起来，以后每次取一份食用。

蔬菜的保存

蔬菜的营养素含量与其颜色有关：绿色越深，胡萝卜素、维生素 K、维生素 B2 和镁的含量越高；橙黄色越深，胡萝卜素含量越高。其他活性物质的含量则与颜色无关。所以，选购蔬菜的时候最好选择一半深绿色叶菜，一半浅色蔬菜。

蔬菜当中所含的维生素 C 和生理活性物质在采收后很容易分解。储藏温度越高，分解速度越快，例如在夏天只需一天即可损失全部维生素 C。放在冰箱里可以延缓维生素的降解速度，但是并不能阻止这个趋势。因此最佳方案是在早上买刚采收的新鲜蔬菜，然后按照一次食量分装进保鲜袋，存放于冰箱中，但应当注意不要贴近冰箱内壁，避免受冻伤。然后每三天更新一次家里的蔬菜储备。

豆角、茄子、番茄、青椒、黄瓜之类可以在低温下储存4~5天，土豆、胡萝卜、洋葱、萝卜、白菜之类可以存长一些。如果冰箱里没地方，用软纸包一层，装进塑料保鲜袋，放在冬天不会冻的阳台上或凉爽处也可以。

水果干和坚果的保存

水果干在夏天很容易受潮，还容易生虫。最好找个好天气，把水果干摊开晒几小时，或者用微波炉的最低档，把其中的水汽除掉，然后再把彻底干燥的水果干分放入密封盒中。放入冷冻室 2 周后再取出来，就不容易生虫了。记得一定要在室温平衡温度之后再打开，以免表面产生水汽。

坚果的主要问题是受潮和氧化。只要在阴雨天打开坚果口袋，就会发现它会在几小时之内变软、变“皮”，这就是吸水了。一旦水分上升，霉菌就会找上门来，容易产生黄曲霉毒素。所以必须注意趁干燥时或烤干之后分装，把每个袋口封严，至少用一个很紧的夹子夹住。如果天气潮湿，最好在开袋后一小时之内吃完。如果发现已经有轻微的霉味，或者不新鲜的气味，就要坚决丢弃。有害健康的食物是不值得吃的！

剩饭剩菜的保存

夏天的剩食物要特别小心，在小暑大暑季节，高水分的食物只需 4 个小时左右就可能因细菌繁殖而发生变质。特别富含淀粉和蛋白质的食物，细菌无限热爱，坏起来就更快，比如绿豆汤、大米饭、牛奶、豆浆、肉汤、豆腐等。

所以，如果感觉可能吃不完，应当在起锅的时候马上把一部分食物分装在干净的盒子里，凉到室温就马上放入冰箱，这样可以安全储藏到第二天。用餐时吃不完，舍不得把剩下的部分扔掉，也应在饭后马上放入冰箱。这样并不能保证 24 小时以上的安全，但下一餐热一下吃是可以的。

馒头和面包吃不完，应当按一次能吃完的量分装，先放在冷藏室降温，然后封严，放到冷冻室中冻起来。以后每取一包，只要在微波炉中用“化冻”档化冻1～2分钟就可以了。需要记住的是，千万不要用“高火”、“中火”之类的档来加热馒头、面包或其他面食，那样面食就会变“皮”，韧性很强，很不好吃。

此外，各种调味酱料如沙拉酱、番茄沙司、牛肉酱之类一旦打开，如果一周吃不完，最好放入冰箱，避免长霉。

草莓、葡萄等水果只能在室温下存一两天，苹果、柑橘等则能在室温下保存一周以上，热带水果如香蕉、芒果等应当放在室温凉爽处，不能放冰箱。

有包装的饮料类完全不必放入冰箱，放在阳台上或室温下即可。但大包装纯果汁如 100% 橙汁一旦开封，就必须放入冰箱，并在 48 小时内喝完。

糖果类均适宜在室温下保存，巧克力尤其不能长时间放在冰箱中，否则可能长霜，口感也会变差。葡萄酒开封后喝不完应当盖好瓶塞，最好在一周内喝完。

@范志红_原创营养信息

【市售坚果产品的几个麻烦】1. 盐太多，钠过量；2. 加入糖、甜味剂、香精、味精、色素等添加剂；3. 气味已经不新鲜，脂肪氧化严重；4. 个别果粒霉变，可能含霉菌毒素；5. 烤制过度，食后口干咽干。如有以上问题，吃坚果就不会带来健康效益。

食物来之不易，浪费得越多，总需求越大，农药化肥用量就更多，食物品质就更低。因为生产者使用化肥农药是为了增产，高产技术离不开它们的支持。浪费食物对生态环境而言是很大的压力，对我们也不会有什么好处。我的理想是：减少浪费，减少生产，提高品质，保护环境。

第四章　为全家把好饮食关

4.1 为了健康的下一代

1. 孕妇、乳母的营养

怀孕前的十项准备工作

经常有网友问我：我想要个宝宝，在饮食上该做什么准备呢？除了补充叶酸，还要注意什么？

听了这话，我总是非常开心。为什么呢？因为问这些问题的人，一定是素质很高的女子。她们明白一个基本的道理——只有身体棒、营养好的妈妈，才能给宝宝提供最佳的孕育环境。古人云："预则立，不预则废"，与那些毫无准备的妈妈们相比，做好充分营养准备的妈妈不仅孕育过程更顺利，生出来的宝宝"先天足"，自己产后恢复也更快。

就说说孕育宝宝之前，女性要注意的 10 件大事吧。

（1）要在准备要宝宝的 6 个月前停止节食减肥。节食减肥会耗竭体内的营养素储备，并降低各脏器的功能。做准妈妈，不仅要自己身体代谢顺畅，还要担负一个宝宝的全部负担——包括消化吸收、组织合成、垃圾处理、废物排泄、营养储备等，一个因减肥而营养不良的女子，怎能承担这些艰巨的任务呢？

（2）远离各种药品，包括减肥药、消炎药在内的所有药物都要尽量提前停掉。药物难免有毒性，而且会给肝肾带来负担，但维生素之类营养补充剂不在此列。家里尽量少用杀虫剂和空气清新剂等，化妆尽量淡一些，很多化学品会从皮肤吸入，口红甚至会直接入口。

（3）远离各种不良环境，如辐射环境、空气污染严重的场所、香烟烟雾缭绕的地方、刚刚装修的空间，都要尽量少去。孕前体检之后，不要轻易再去做 CT 和 X 光透视等检查。为了孕育宝宝，未来的妈妈还应当改变一些不良的生活习惯，比如抽烟、喝酒、喝过多咖啡、熬夜等。如果老公抽烟，至少要让他去门外抽，不要让太太闻到烟味，并把沾有烟雾的衣服及时脱下来。

（4）给自己做个体检，了解身体的状态。特别是没有做过婚检的夫妇，一定要去做个全面检查。如果有一方是乙肝病毒携带者，只要提前和医生联系，采取措施，就能避免传给宝宝，不必过于担心。如果患有不宜怀孕或影响怀孕安全性的疾病，比如肾脏病、糖尿病、高血压等，要及时治疗和控制，否则可能给怀孕过程带来极大的风险，甚至危及母子双方的生命。

（5）体检中如果发现有营养不良的问题，比如贫血、缺锌等，要咨询育儿专家和营养师，及时增加营养，必要时补充营养素制剂，等营养状态改善之后再怀孕。如果有胃肠消化吸收不良的状况，也要去看中医或进行饮食调理，及时改善。否则，一个营养不良、胃肠功能虚弱的妈妈，会让孩子发育时受到很多委屈。我国孕妇贫血比例很高，有些地区高达30%以上，很大程度上就是因为孕前没有解决营养不良和消化吸收障碍问题。孕妇贫血，胎儿的发育必然会受到明显影响。

（6）即便是营养状态正常的妈妈，也建议提前3个月补充孕妇专用的复合营养素制剂，而不仅仅是补充叶酸。这是因为，怀孕前3个月的时候，孕妇经常会有食欲不振、恶心呕吐的情况，会消耗体内的营养素储备。如果在孕前把各种维生素和微量元素储备得足足的，即便孕早期吃得不够，也能让发育早期的小宝贝得到最充足的营养供应。

缺铁性贫血或血色素偏低的女性一定要注意补充血红素铁，在孕前把贫血问题治好。因为怀孕时母体血液要供应两个人的氧气，血红细胞往往会不够用，孕后期还要为新生儿储备出生后6个月要用的铁，并预备母体分娩时的失血损失，身体的铁需求远远高于怀孕前，所以很多平日体检正常的女性也可能发生孕期贫血问题。这样的女性就要注意吃些红色的牛羊肉，吃红色的动物内脏，比如肝脏、心脏、肾脏等，必要时应去医院治疗。

（7）远离加工食品、嗜好性食品和油腻食品，尽量少喝酒或不喝酒，少饮咖啡、奶茶和碳酸饮料。煎炸、熏烤食品尽量不吃，因为其中含有致癌物。以口味、口感取胜的高度加工食品尽量少吃，其中不仅油、盐、糖含量高，营养价值低，而且含有多种添加剂，有的还含有反式脂肪，均有可能干扰胎儿正常发育。油腻浓味的餐馆菜肴则可能会造成孕期的浮肿和妊娠高血压危险。

（8）改善三餐的饮食质量。多吃新鲜绿叶蔬菜是个好主意，其中不仅富含叶酸，还能补充多种维生素和矿物质，是想要怀孕的妈妈最需要多吃的食物。颜色越浓绿的蔬菜，叶酸含量就越高。国外有研究证明，多吃绿叶蔬菜的母亲所产婴儿大脑发育状况更好。多吃粗粮能供应更多的 B 族维生素和维生素 E，对于受孕和哺乳都是有好处的。鸡蛋和酸奶也是不错的食物，它们不仅含有蛋白质，还有 12 种维生素。传统认为有“宫寒”之类问题的女性可以经常用醪糟（甜米酒）、蛋类和红枣等配料一起煮成美味早餐，多吃一些发酵食品，适当增加运动，改善血液循环和消化吸收。贫血的女性除了适当吃一些红肉和动物内脏，还可以每天吃些坚果、瓜子、水果干来补充铁，同时服用维生素 C 来促进植物性铁的吸收。

食物选择一定要以新鲜天然为原则，如果有可能的话，尽量选择有机食品和绿色食品。每天要保证半斤主食，其中一半是粗粮杂粮；还要保证一斤蔬菜，其中一半是绿叶蔬菜；每天一个鸡蛋非常重要，因为蛋黄中的卵磷脂、维生素 B12 和少量的 omega-3 脂肪酸对宝宝的智力发育很有帮助。此外按胃口适量吃一些豆制品、瘦肉、鱼类等即可，无需油腻。零食就选择各色水果半斤，酸奶一杯，以及核桃、杏仁之类新鲜坚果一小把。颜色浓重的水果能提供抗氧化成分，核桃中所含的 omega-3 脂肪酸值得补充，酸奶中的钙也十分宝贵。

烹调方面记得不能油腻。炖煮、凉拌、清蒸、普通炒菜都可以，尽量减少煎炸。无论是孕前还是孕后，过多的脂肪都是无益的，目前我国居民的脂肪摄入已经普遍过量，孕妇肥胖成为普遍现象，蛋白质、维生素和矿物质才是需要补充的目标。炒菜的时候，最好不要“过火”，温度略低一些。适当少放一点盐或者使用低钠盐，提前适应清淡的口味。孕后期容易发生浮肿，需要限盐。妊娠高血压患者更要严格限盐，如果从孕前开始习惯于低盐饮食，就能避免孕期的很多麻烦。

另一个重要的事情，就是减少体内的“解毒、排毒”压力，让肝脏和肾脏好好休息，以便它们在有宝宝之后能好好承担重大任务。各种腌制品、腊肉、香肠、咸鱼等尽量少吃，因为其中有微量的亚硝胺致癌物，各种咸菜、咸甜口菜肴和其他过咸食物也要少吃，养成清淡口味习惯。

（9）孕前半年开始有规律地运动。有氧运动能改善心肺功能，加强下肢肌肉力量，对做个准妈妈十分重要。怀孕后，女性的心脏要负担母子两个人的供血，肺脏要负担两个人的氧气供应，肌肉骨骼也要支撑两个人的体重。如果一个人跑几步都嫌累，以后怎能很好地负担二十多斤重的胎儿、胎盘和其他孕产相关组织呢？事实证明，体能好的女性不仅更容易怀孕，孕期很少出现危险情况，生产的时候也更加顺利。

如果孕前开始跑步、爬楼等运动，每周4天有半小时以上的中强度运动，就能大大提高体能，做个健康有活力的准妈妈。即便在孕期，也要坚持做体操，多走路，多活动，提高自己的内脏功能。这样不仅生产过程会比较顺利，而且由于肌肉紧实，身体不松垮，产后也能更快恢复体形。

（10）多接触日光，多做室外活动。阳光能给身体带来维生素D，它不仅能促进钙的吸收，还能提高免疫力。孕期最麻烦的事情莫过于妈妈感冒伤风，或者发生各种感染。不吃药吧，人很难受；吃药吧，又怕影响到宝宝。特别是病毒性感染，还有造成胎儿畸形的危险。如果从孕前开始多晒太阳，多在阳光下爬山走路，妈妈抵抗力就会增强，患病危险会大大下降，对母子双方的骨骼健康也大有好处。

最后，再啰嗦一遍调整心情的重要性。人们都知道，心情会影响到人的消化吸收功能、解毒功能和免疫力。对于准妈妈来说，还影响到宝宝的性格和体质，是所谓“胎教”的一部分。所以，孕前的女性一定要调整好心情，特别是原本有些急躁、苛求、敏感、悲观失望、患得患失、怨天尤人情绪的女性，更要注意改善情绪，让自己变成一个愉悦而安然的女子。

除了未来的母亲要做好以上准备外，未来的父亲们也要积极配合才好。无论是营养还是健身，戒烟限酒还是改善心情，都需要夫妇两个人，甚至还有其他家庭成员的配合。相信只要父母做好种种准备，小生命的来临就会给全家带来更多的快乐、最少的遗憾。

给准妈妈的营养叮咛

如今年轻夫妇的生育能力普遍下降，怀孕就像中奖一样令人惊喜，需要保胎的准妈妈越来越多，使得人们对孕妇的保护意识不断增强。对于准妈妈，家人亲友普遍有两个要求：一是要多吃多补，越多越好；二是要在家安胎，运动越少越好。拼命摄入鸡鸭鱼肉，喝鱼汤、肉汤、骨头汤、猪蹄汤，再加上各种零食塞得满满，又没有一点体力活动，体重自然一路飙升。

各国专家建议，正常孕妇在孕期全程的体重增加在12公斤左右即可，原本就超重肥胖的孕妇增重还要少，肥胖女性孕期增重6～8公斤比较理想。但如今大部分孕妇都远远超过这个数值。特别是前3个月，胎儿还很小，本不应当有明显的增重，但有些准妈妈居然3个月时就胖了二十多斤——吃下去的东西都变成长在自己身上的肥肉了。

孕妇体重快速增加，肌肉日益萎缩，心肺功能下降，不仅令孕妇本人沉重疲劳，还容易造成孕后期的高血糖、高血压等危险情况，孩子也容易成为巨大儿，增加将来患肥胖和慢性病的危险。

看看野生动物们，有孕在身不是一样又跑又跳吗？过度保护对母子双方都不利。心肺功能强大、肌肉力量强悍的妈妈才能轻松承担胎儿带来的负担，生产过程也更为顺利。顺产的强健妈妈，很快就能做轻微的活动，月子当中就可以开始恢复体形的温和锻炼，产后三四个月就恢复苗条身材，成为宝宝的漂亮妈妈。

缺乏锻炼又剖腹产的妈妈们就不一样了，她们产后必须长时间卧床，恢复速度要慢得多。而且因为全身松垮、体形走样，很多人从此变成胖妇，窈窕风采一去不返。

我一直建议准妈妈们做个“皮薄馅大”的聪明孕妇。也就是说，吃进去的食物恰到好处，都用在宝宝发育上，宝宝出生时不过分肥胖，自己身上不长多余的赘肉，而且产后体形恢复快。

不发胖，能得到足够的营养吗？其实孕期需要增加的能量和蛋白质并不多。

怀孕前 3 个月，因为胚胎很小，几乎不需要增加能量，只需要增加少量蛋白质（还不到一个鸡蛋的量）和维生素。此时孕妇食欲通常较差，饮食宜清淡，需要注意的是在恶心不严重时尽量多吃些主食、水果和酸奶等。可以补充孕妇专用的营养素，特别是各种 B 族维生素对孕妇很有帮助，但没必要吃任何补品。

怀孕4～6个月时开始增加食量，此时孕妇每天需要增加的蛋白质和能量分别是15克和200千卡，大约只相当于1个鸡蛋+半斤低脂牛奶（约14克蛋白质，200千卡）。吃鱼虽然可以补充蛋白质和omega-3脂肪，但也不宜过多，每天有2两足够了，而且不用油炸。

怀孕7～9个月的孕妇每天需要增加蛋白质20克，能量200千卡，蛋白质的量大约相当于1两瘦牛肉+半斤低脂牛奶+1两南豆腐（约22克蛋白质，210千卡）。这时候要注意多补钙、补铁，因为这是准妈妈和胎儿需求量特别大的营养素。大量炒菜油和动物脂肪只会添乱，因为过多的脂肪会妨碍钙的吸收。

孕期全程都要少吃高度加工食品，减轻肝脏负担，也避免一些不安全因素影响到胎儿的成长。因为维生素和矿物质需要增加，尽量要少吃甜食、煎炸食品、膨化食品之类营养素含量低的食物，用有限的胃口装营养丰富的天然食品。

都说吃鱼让宝宝聪明，但也不能过量，多了会增加体内的环境污染物。淡水产品中有机氯农药含量往往比较高，鱼每天不要超过 100 克；海鲜河鲜往往含砷、镉等污染物较高，每周吃一两次即可。海产食肉鱼如金枪鱼含汞过高，每周吃不超过一次为好。蔬菜、水果、粗粮、豆类、牛奶、豆浆等食物有帮助重金属排出的作用，宜常吃。特别是孕期最后 3 个月容易便秘，要多吃些粗粮、薯类、蔬菜等高纤维的食物。

新妈妈的饮食注意事项

在我国，生宝宝之后要坐月子，而月子当中的饮食会有很多禁忌，各地的说法都不一样。有的说不能吃蔬菜水果，有的说必须吃鸡蛋大枣，这些说法都缺乏科学的依据，而且都是基于几十年前甚至几百年前的生活状况所提出的忠告，和现代生活已经有了很大的差距。

很多事情没有标准答案，就像做食谱一样，每个人的口味和烹调习惯都不一样，每个地方的物产也不相同。每个孕产妇身体状况不同，所以孕产妇没有标准的食谱。只要知道一些基本原则，然后按照口味去吃就可以了。

刚生产完的新妈妈非常疲劳，身体消化能力差，消化液分泌少，宜吃极易消化的流质食物，比如醪糟蛋汤、炒大米煮的粥、鸡汤、热牛奶等，都是传统的食品。如果喜欢甜食的话，可以喝点山楂桂圆大枣汤，或者红豆沙牛奶羹等，又营养又好喝，也有利于消化。过几天，消化能力慢慢恢复之后，就可以正常饮食了。

产妇第一个月的饮食要点是多补铁和钙，以及蛋白质。如果身体不算瘦弱，则不需要特别增加脂肪供应，因为怀孕时身体已经存了至少几公斤的脂肪。如果体重超标很多，更要注意选择清淡少油的烹调方式。可以服用复合维生素、矿物质增补剂，按说明每日1～2粒，记得一定要进餐时服用，才好吸收利用。

每天宜喝2杯热牛奶，月子之后可以喝酸奶，补充足够的钙，乳汁中含有很多钙，如果膳食不能为母亲供应充足的钙，就会使其骨钙受到损失，甚至导致其发生骨质疏松或软化。每天还要比平日多喝3～4杯水或汤，补充哺乳需要的水分，汤上面那层油可除去。在膳食中脂肪偏少的情况下，人体会动用储备在体内的脂肪来制造乳汁，有利于产后恢复正常体重，避免肥胖。

第一个月多吃点鱼肉蛋类，补充蛋白质。如果失血多，红肉或内脏可帮助补铁。如果肉吃得少，可以用黑芝麻、花生、红豆、黑豆、核桃、枣等植物性食品帮助补血。同时要多吃蔬菜和水果，促进植物性铁的吸收。月子里运动少，要注意多吃蔬菜和薯类，避免纤维太少发生便秘。太凉的食品不要吃，但蔬菜做熟了吃没有问题。

第二个月开始，不用额外补铁了，因为身体的创伤已经基本恢复了，月经还没有恢复正常，铁的需要量减少了。但给宝宝哺乳需要大量的钙，所以需要继续增加钙的供应。牛奶酸奶还是一样喝，每天半斤绿叶蔬菜和一份豆制品要保证，还要适当用粗粮豆类来替代白米白面，因为它们能补充哺乳所需的维生素B1。同时按胃口正常饮食就好了，不需要刻意塞进去过多的食物让自己撑着。如果不喂奶，就不需要多吃东西了，和平日食量一样，否则就容易发胖哦！假如喂奶的同时注意控制烹调油，少吃油腻食物，哺乳还有减肥的作用，只是要记得，需要减少的只是油脂和油腻食品，蛋白质、维生素和矿物质不能减少。

哺乳的妈妈要注意，不吸烟，不饮酒，不服药，少喝茶和咖啡，少吃外面买的加工食品，少下馆子，尽量在家里自己购买新鲜原料做饭菜。因为外面的加工食品各种添加剂太多，脂肪质量差，还可能含有各种污染，维生素和纤维不足，对乳汁的质量有不良影响。

油炸食品、熏烤食品、薯条薯片、膨化食品、饼干蛋糕、凉粉粉丝一类都要少吃——里面有毒物质和污染物质太多，可能进入乳汁当中，危害宝宝。多喝煲汤，多吃粗粮，多吃新鲜蔬菜水果，这样维生素就很足，而且很安全。

@ 范志红_原创营养信息

夸大配方奶粉的优点，给母亲和家人洗脑，挫败母亲母乳喂养的自信心，缩短母乳喂养的时间，是谁的利益让中国婴儿输在起跑线上？研究证明母乳喂养越久，孩子身心发育越好，免疫系统更健康，将来有安全感，不易出现心理问题，还不容易患上多种婴幼儿恶性疾病。8个月绝不是停止母乳的极限。

大自然不会设计没意义的事情，传统上母亲能泌乳到2岁，就说明8个月后的乳汁对孩子仍有价值。目前世界卫生组织提倡纯母乳喂养到6个月，6个月以后在供应母乳的同时再逐渐添加天然食物，到2岁左右过渡到正常饮食，自然离开母乳。

2. 做好下一代的食育

让孩子快乐地吃饭

自从孩子断了奶，父母们便开始为孩子的三餐而发愁。

营养专家们认为，1～6岁的幼儿期是人体智力和骨骼发育的关键时期，这时孩子的消化器官机能尚未完善，咀嚼和消化能力不如成人，肠寄生虫病多见，同时又活泼好动。如果他们长期不专心用餐，很容易发生营养不良的现象，甚至会影响孩子一生的体形。因此，每日应给幼儿供应五餐，食物的品种要丰富，制作要精细易消化。

然而，让孩子乖乖地把三餐吃好并不是一件容易的事情。有的孩子对餐桌上丰盛的饭菜不感兴趣，偏喜欢营养价值很低的零食；有的孩子不爱吃自己家里的东西，到了邻居家却吃得津津有味；有的孩子和父母一起吃饭时偏食挑食，在幼儿园里却老老实实。家长们百思不得其解：为什么孩子不爱吃我做的饭呢？

不过，孩子毕竟是孩子，与大人的想法不一样。要想让孩子吃得愉快，就要了解孩子的生理和心理特点。

不妨研究一下：零食为什么能够吸引孩子呢？主要是它包装漂亮、形状可爱、吃起来有玩乐感。为了吸引孩子，生产者用尽浑身解数，用孩子喜爱的卡通人物做包装，给食物染上美丽的色彩，让食物咀嚼时发出脆响，在食物中放进小玩具或画片……这些办法迎合了孩子的心理，因此得到幼儿的认同。

幼儿对食物的外观要求比较高。如果食物不能吸引他们，他们就会将吃饭当成一种负担。因此，为幼儿准备食物时要把食物尽量做得漂亮一些，让食物色彩搭配得五彩斑斓，形状美观可爱。这样，幼儿感到吃饭这件事本身便充满乐趣，自然会集中精力。

孩子不喜欢吃鸡蛋吗？把鸡蛋做成太阳的形状，放在白盘子中，然后搭配上豌豆荚或菜叶，再用番茄片做成花，也许他就会乐于品尝太阳的滋味。孩子不喜欢吃胡萝卜吗？将它切成薄片修成花朵形状，和甜玉米粒一起放在米饭的表面蒸熟，孩子也许就会愿意把花朵吃下去。把面食做成动物的形状，把米饭做成三角形的饭团，顶上缀些海苔丝和火腿丝，把煮鸡蛋切成环状的薄片，都能让孩子受到吸引。

孩子喜欢用手来抓东西，喜欢能够一口放进嘴里的东西。因此，块状食物的体积要小，不要让幼儿感到总也吃不完。不妨做些特别小的馒头、包子、饭团之类，让幼儿感到这是属于他的食物，增加就餐时的“成就感”。

幼儿对餐具往往很感兴趣，喜欢挑盘子挑碗。在吃饭时，最好给孩子准备专用的小碗、小盘和小勺，形状和花样都要符合他的爱好。餐具的质地宜选仿象牙、仿瓷的无毒塑料，以免摔坏后使孩子受伤。

为了培养孩子良好的饮食习惯，父母应当循序渐进地给孩子增加食物的品种，让幼儿渐渐接受多种口味的食物。父母一方面将食物的外观制作得富有情趣，一边又用讲故事的方式向孩子介绍这种食物的特点，幼儿在心理上容易接受。例如，在给孩子吃萝卜之前，先讲小白兔拔萝卜的故事，然后给孩子看大萝卜的可爱形状，最后将它端上餐桌，孩子可能就会高高兴兴地品尝小白兔的食物。

为了让孩子喜爱家庭餐桌上的食品，父母应当经常赞美孩子的食物，让他感到家里的食物是可爱的、独一无二的。超市中的零食人人都可以买到，而妈妈做的美丽食物却只有自己能够吃到。这样，孩子就会对父母烹调的食品产生自豪感和归属感。

把儿童的食物制作得富有情趣，让孩子快快乐乐地吃饭——这就是生活中最美丽的事情。

链接：中国营养学会“1～3 岁幼儿营养指南”[1]

1～3 岁幼儿喂养指南

1～3岁的幼儿处于快速生长发育时期，对各种营养素的需求相对较高，同时幼儿机体各项生理功能也在逐步发育完善，但是对外界不良刺激的防御性能仍然较差，因此对于幼儿膳食安排，不能完全与成人相同，需要特别关照。

（1）继续给予母乳喂养或其他乳制品，逐步过渡到食物多样

可继续给予母乳喂养直至 2 岁（24 月龄），或每日给予不少于相当于 350 毫升液体奶的幼儿配方奶粉，但不宜直接用普通液态奶、成人奶粉或大豆蛋白粉等。建议首选适当的幼儿配方奶粉，或给予强化了铁、维生素 A 等多种微量营养素的食品。因条件所限，不能采用幼儿配方奶粉者，可将液态奶稀释，或与淀粉、蔗糖类食物调制，喂给幼儿。如果幼儿不能摄入适量的奶制品，需要通过其他途径补充优质蛋白质和钙质，可用 100 克左右的鸡蛋（约 2 个）经适当加工来代替，如蒸蛋羹等。当幼儿满 2 岁时，可逐渐停止母乳喂养，但是每天应继续提供幼儿配方奶粉或其他的乳制品。同时，应根据幼儿的牙齿发育情况，适时增加细、软、烂的膳食，种类不断丰富，数量不断增加，逐渐向食物多样过渡。

（2）选择营养丰富、易消化的食物

幼儿食物的选择应根据营养全面丰富、易于消化的原则，应充分考虑满足能量需要，增加优质蛋白质的摄入，以保证幼儿生长发育的需要；增加铁质的供应，以避免铁缺乏和缺铁性贫血的发生。鱼类脂肪有利于儿童神经系统发育，可适当选用鱼虾类食物，尤其是海鱼类。对于1～3岁幼儿，应每月选用猪肝75克（一两半），或鸡肝50克（一两），或羊肝25克，做成肝泥，分次食用，以增加维生素A的摄入量。不宜直接给幼儿食用坚硬的食物、易误吸入气管的硬壳果类（如花生）、腌制食品和油炸类

[1] 幼儿期是指1～3周岁。中国营养学会对各类人群都有营养指南，可参见中国营养学会网站。

食品。

（3）采用适宜的烹调方式，单独加工制作膳食

幼儿膳食应专门单独加工、烹制，并选用合适的烹调方式和加工方式。应将食物切碎煮烂，易于幼儿咀嚼、吞咽和消化，特别注意要完全去除皮、骨、刺、核等；大豆、花生等硬果类食物应先磨碎，制成泥糊浆等状态进食；烹调方法上，应采用蒸、煮、炖、煨等烹调方式，不宜采用油炸、烤、烙等方式。口味以清淡为好，不应过咸，更不宜食辛辣刺激性食物，尽可能少用或不用含味精或鸡精、色素、糖精的调味品。要注意花样品种的交替更换，以利于幼儿保持对进食的兴趣。

（4）在良好环境下规律进餐，重视良好饮食习惯的培养

幼儿饮食要一日5～6餐，即一天进主食3次，上下午两主餐之间各安排以奶类、水果和其他细软面食为内容的加餐，晚饭后也可加餐或零食，但睡前应忌食甜食，以预防龋齿。

要重视幼儿饮食习惯的培养，饮食安排上要逐渐做到定时、适量、有规律地进餐，不随意改变幼儿的进餐时间和进餐量；鼓励和安排较大幼儿与家人一同进餐，以利于幼儿日后能更好地接受家庭膳食；培养孩子集中精力进食，停止其他活动；家长应以身作则，用良好的饮食习惯影响幼儿，使幼儿避免出现偏食、挑食的不良习惯。

要创造良好的进餐环境，进餐场所要安静愉悦，餐桌椅、餐具可适当儿童化，鼓励、引导和教育儿童使用匙、筷等自主进餐。

（5）鼓励幼儿多做户外游戏与活动，合理安排零食，避免过瘦与肥胖

由于奶类和普通食物中维生素D含量十分有限，幼儿单纯依靠普通膳食难以满足维生素D需要量。适宜的日光照射可促进儿童皮肤中维生素D的形成，对儿童钙质吸收和骨骼发育具有重要意义。每日安排幼儿1～2小时的户外游戏与活动，既可接受日光照射，促进皮肤中维生素D的形成和钙质吸收，又可以通过体力活动实现对幼儿体能、智能的锻炼培养和维持能量平衡。

正确选择零食品种，合理安排零食时间，既可增加儿童对饮食的兴趣，

又有利于能量补充，避免影响主餐食欲和进食量。应以水果、乳制品等营养丰富的食物为主，给予零食的数量和时间以不影响幼儿主餐食欲为宜。应控制纯能量类零食的食用量，如糖果、甜饮料等含糖高的食物。鼓励儿童参加适度的活动和游戏，有利于维持儿童能量平衡，使儿童保持合理体重增长，避免儿童瘦弱、超重和肥胖。

（6）每天足量饮水，少喝含糖高的饮料

水是人体必需的营养素，是人体结构、代谢和功能的必要条件。小儿新陈代谢相对高于成人，对能量和各种营养素的需要量也相对更多，对水的需要量也更高。1～3岁幼儿每日每千克体重约需水125毫升，全日总需水量约为1,250～2,000毫升。幼儿需要的水除了来自营养素在体内代谢生成的水和膳食食物所含的水分（特别是奶类、汤汁类食物含水较多）外，大约有一半的水需要通过直接饮水来满足，约600～1,000毫升。幼儿的最好饮料是白开水。目前市场上许多含糖饮料和碳酸饮料含有葡萄糖、碳酸、磷酸等物质，过多地饮用这些饮料，不仅会影响孩子的食欲，使儿童容易发生龋齿，而且还会造成过多能量摄入，从而导致肥胖或营养不良等问题，不利于儿童的生长发育，应该严格控制摄入。

（7）定期监测生长发育状况

身长和体重等生长发育指标反映幼儿的营养状况，父母可以在家里对幼儿进行定期的测量，1～3岁幼儿应每2～3个月测量1次。

（8）确保饮食卫生，严格消毒餐具

选择清洁不变质的食物原料，不食隔夜饭菜和不洁变质的食物，在选用半成品或者熟食时，应彻底加热后方可食用。幼儿餐具应彻底清洗和加热消毒。养护人注意个人卫生。培养幼儿养成饭前便后洗手等良好的卫生习惯，以减少肠道细菌、病毒以及寄生虫感染的机会。

因为幼儿胃肠道抵抗感染的能力极为薄弱，需要格外强调幼儿膳食的饮食卫生，减少儿童肠道细菌和病毒感染以及寄生虫感染的机会。切忌养护人用口给幼儿喂食食物的习惯。

对婴幼儿的餐具，不主张使用药物消毒，建议采用热力消毒：将餐具浸入水中煮沸 10 分钟，或者把餐具放到蒸具里，将水烧开，离水蒸 10 分钟，就可达到消毒目的。婴儿餐具要选用耐热材料制成的，以便热力消毒。

1～3 岁幼儿膳食宝塔

膳食宝塔共分 5 层（膳食宝塔中建议的各类食物摄入量都是指食物可食部分的生重）：

第一层（底层）：母乳和乳制品，继续母乳喂养，可持续至2岁；或供应不少于相当600毫升母乳的婴幼儿配方奶粉或稀释的鲜牛奶，即350毫升鲜牛奶或幼儿配方奶粉80～100克或相当量的乳制品。

第二层：谷类（包括米和面粉等粮谷类食物）100～150克。

第三层：新鲜绿色、红黄色蔬菜以及菌藻类150～200克；新鲜水果150～200克。

第四层：蛋类、鱼虾肉、瘦畜禽肉等 100 克。

第五层：烹调油20～25克。

另外：在此基础上，最好每月选用猪肝 75 克，或者鸡肝 50 克，或者羊肝 25 克，做成肝泥，分次喂食，以增加维生素 A 的供应。

在为幼儿选择食物时，应充分考虑铁的供应，以预防缺铁性贫血的发生。鱼类脂肪有利于儿童的神经系统发育，可适当多选用鱼虾类食物，尤其是深海鱼类。不宜给幼儿喂食坚硬的食物、腌腊食品和油炸熏烤类食品。

全家共进餐，孩子更优秀

在快节奏的生活当中，工作、社交、娱乐的繁忙，总是让日程表排得太满。在家做饭——看起来似乎是最土气最乏味的一项家庭活动——正在被很多时尚家庭所忽略。很多父亲一周难得在家吃两次晚饭，很多母亲告诉孩子叫外卖、吃速冻食品、泡方便面来打发一餐。

然而，对于很多中年人来说，不管吃过多少中西大餐，平生吃过的最美味的食物，却总是小时候父母亲手制作的美食。厨房的浓浓香气，屋里的笑语欢声……那些并不是简单的餐饭，而是家庭温暖的象征，它包含着爱心的真、亲情的浓。在餐桌上，家人无拘无束地交流着，分享着，在精神上互相滋润和支持着。

难道，你不希望孩子将来拥有这样美好的回忆吗？

美国一项青少年医学研究证实，能够经常和父母家人坐在一起共同进餐的青少年，与那些与父母共同进餐每周不足两次的孩子相比，不仅在学习成绩上明显优秀，而且较少出现情绪抑郁，较少沉迷于烟酒和大麻等不良嗜好。

不过，这项研究并不止步于对两代人情感交流方面的评价。研究者发现，在家进餐的孩子的饮食内容较为健康，能够摄入更多的蔬菜和水果，同时较少吃快餐、较少喝甜饮料，脂肪摄入量也较低。

在菜场里，我常听到主妇们讨论这样的话题：今天我该给孩子做点什么吃呢？吃什么食品对他们的身体更好呢？出于爱心，父母总是会给家人购买最优质的食品原料，给他们制作更为安全健康的饭菜。称职的父母知道，要把孩子食物的质量掌握在自己的手里，而不是把责任推给社会。

明智的父母也知道，身教重于言教，特别是在生活习惯方面。他们买来多样化的天然食品，多吃蔬菜水果，赞美粗粮薯类，远离甜点薯片。据说，孩子的饮食习惯早在5岁就开始形成，而这时候，父母对孩子的饮食质量责无旁贷。父母对天然食物的态度，对早餐质量的重视，都会潜移默化地影响着孩子的营养认知，从而形成健康的饮食习惯，使他们终生受益。

当然，也有很多父母会说：我辛辛苦苦忙于挣钱养家，不就是因为爱孩子，想给他一个好的生活吗？可他们或许忘了，好的饮食习惯不是钱能够买来的，孩子的健康身心不是钱能够买来的，被爱的感觉更不是钱能买来的。

其实，每周做3次健康晚餐并没有那么麻烦。凉拌蔬菜和新鲜水果盘都很简单；煲汤只要把有荤有素的几种原料和香辛料扔进电热砂锅，定时焖两小时就好，根本无需关照；一锅红薯玉米蒸米饭只要用电饭锅就能搞定；再加上一份炒菜，就是相当丰富的一餐！周末有时间的时候，不妨尝试一种新的健康菜肴，更能给家人带来意外的惊喜。

你是真的爱自己的孩子吗？如果是，请花费一点时间，和他们一起吃饭，给他们亲手做饭吧。让共同用餐成为家庭生活的重要仪式，把健康带给他们的一生，让其乐融融的幸福感觉永远留在他们的记忆中吧……

@范志红_原创营养信息

饮食习惯是从小培养的。产品抓住了孩子的心，就得到了长期消费群。在食品广告铺天盖地的时代里，父母的“食育”责任重大！很多家庭只埋怨孩子不好好吃饭，却不反思自己给孩子提供什么样的零食。

孩子吃浓味垃圾零食时，往往会表现得特别陶醉，有些父母就经常给他们买，一次又一次地享受看孩子爱吃表情的快乐。这和给宠物喂食，享受宠物摇尾巴撒欢儿带来的欢乐，简直没什么区别。

4.2 为了健康的后半生

1. 远离慢性病

远离糖尿病的生活

最近很多朋友都在问，糖尿病人该怎么吃？虽然市面上有很多关于糖尿病饮食的书，但大多都是说个原则，然后给出一些常见菜谱，却没有讲到如何搭配，也没有说到具体细节。为了让朋友们容易理解糖尿病人的饮食生活注意，这里先给大家讲个故事。

朋友王先生是某公司的高管，早早就过上了车来车往、在外就餐的生活。胃口非常好，特别喜欢油大味浓的食物，运动几乎没有，连 300 米的距离也要开车。180 厘米的身材，体重超过 105 公斤。

一日朋友聚会，大家一起去郊游。虽说只爬了 300 米的小山包，王先生已经累得气喘吁吁。当年他也曾经是中学的体育健将，无奈多年连路都很少走，体能已经高度衰落。归来之时他感慨道：今天一天，比我往日一年的路都走得多……

我劝他说：你这样不行啊，吃得太多，动得太少，体能太差。看看你那身材，腰围比臀围还要宽，小心得糖尿病！他哈哈一笑：别吓唬我，我根本不吃甜食，哪儿能得糖尿病？我无奈地摇摇头。

这里要解释一下，患 II 型糖尿病的人，大多是肌肉松软，体能低下，腰腹脂肪较多的人。即便体重不超标，只要腰围过大（表明内脏脂肪多），四肢肌肉松软，容易疲劳，都要注意糖尿病的风险。反之，如果腰臀比正常，肌肉结实，能跑能跳，哪怕体重偏高，糖尿病的危险都小些。人们都知道，30 分钟之内的运动，主要消耗血糖和糖原，特别是几分钟的短时运动，主要消耗血糖。人体的血糖 3/4 靠肌肉来利用，如果肌肉充实，体能旺盛，说明肌肉组织善于利用葡萄糖，人体的胰岛素敏感性就比较高，血糖能够很快地离开血液，进入需要它的组织当中，自然不会有血糖居高不下的危险。

两年之后的一天，我又遇到王先生。不幸被你说中了，他说，今年体检，我真的查出来有糖尿病。医生给我忠告，这不能吃那不能吃，我的生活一下子就回到旧社会了，连饭都吃不饱啊……

在慢性病当中，糖尿病大概属于饮食上最麻烦的一种了，因为它既需要控制餐后血糖和空腹血糖，还需要控制血中的甘油三酯和胆固醇，还需要控制盐，还需要控制体脂肪。这是因为，糖尿病患者同时有心血管疾病的巨大风险，50% 的糖尿病患者是死于心脑血管并发症的。所以，控制血脂、控制血压和控制血糖一样重要。

那么，为什么还要控制体脂肪呢？因为体脂肪过多，特别是内脏脂肪过多，是糖尿病冠心病的共同致病风险。减少体脂肪之后，通常会带来胰岛素敏感性上升、血压下降、血脂下降的综合效果。所以，对于体脂肪超标的患者来说，糖尿病餐也同时是温和减肥餐。

医生当时给王先生提出了综合建议。一方面要求少吃主食，控制所有碳水化合物食品；一方面要求少吃肉类，少吃油腻。王先生这下可犯难了。在太太的严格监督下，主食减了一半，肉不能每天吃了，改成每周吃两次，每次只吃 1 两。问题是，饭少了，肉少了，油少了，每天那个饿啊……水果都不敢吃，医生只许可吃豆腐和蔬菜。在这样严格的饮食控制之下，生活质量很不容易保证。

少吃油，多吃菜，医生说的一点儿都没错。这里就简介一下糖尿病人饮食和运动的注意：

（1）多吃菜

建议糖尿病患者每天吃菜一斤以上（这里不能用土豆、芋头之类当菜），特别是绿叶蔬菜，不仅可以提供多种矿物质和抗氧化物质，减少眼底和心脑血管系统并发症的风险，还能提高饱腹感，对于糖尿病人好处极大。

（2）少吃油

烹调一定要少用油，多用蒸、煮、炖、凉拌的烹调法，有利心脑血管健康，同时还有利于长期控制血糖。有研究提示，膳食脂肪摄入多，当餐虽不会明显升高血糖，长期效果却是损害餐后血糖控制能力。盐要少放，调味料品种倒是无须限制，葱姜蒜、咖喱粉、桂皮、花椒等都可以适量用。

（3）控制肉

肉类不必天天吃，可以用少油烹调的鱼和豆制品供应一部分蛋白质，这样膳食脂肪酸的比例就更合理。按目前的研究证据，鸡蛋每周不超过4个即可，不必扔掉蛋黄。牛奶每天可以喝一杯，如果血脂高，可以选低脂奶和酸奶。

（4）主食不必过少，重在控制血糖反应

主食的数量，不一定要那么少，每天半斤量还是可以的。真正要严格控制的，只有精米白面做的食品，其他升血糖慢的淀粉类食物，还是可以适当吃一些。研究证明，吃同样多的主食，低血糖反应膳食比仅仅增加膳食纤维的膳食能产生更好的长期效果，与精白细软主食相比，效果更不可同日而语。血糖反应较低的饮食模式，有利于减少糖尿病风险，而且对糖尿病人来说有利于减少糖化血红蛋白的含量（长期血糖控制的指标之一）。

葡萄糖、麦芽糖、糊精等，升高血糖的速度是最快的，因为它们消化吸收速度最快，其中葡萄糖作为参考，血糖指数算100，麦芽糖超过100。然后就是白面包、白馒头、白米粥、糯米食品之类，和白糖差不了太多，白米饭和米饼略低，但也在这一类当中，血糖指数超过80。所有这些食物，都需要严格限量，最好配着其他升血糖慢的食物一起吃。在“细粮”当中，以硬粒小麦做成的通心粉、意大利面条等消化最慢，血糖反应也最低。

相比白米白面而言，粗粮就要慢些，其中小米、黏大黄米的血糖指数最高，在70～75之间，黑米、荞麦、燕麦、大麦、黑麦等都低于70。玉米食品的升血糖速度与加工状态相关，膨化的玉米片、爆米花接近米饭的水平，而甜玉米的血糖指数却只有55。莲子也是不错的低血糖反应食材，可以加入主食当中。

豆类统统都是血糖反应很低的食品，比如红豆、绿豆、扁豆、蚕豆、四季豆、鹰嘴豆等均不超过40，比粗粮还要低很多。总体而言，用豆子替代白米白面，是可以吃到饱的。如果肾脏功能正常，就无须担心用豆子替代米饭有什么麻烦，因为与白米白面相比，豆子富含维生素B1、钾、镁等元素，对于容易缺乏矿物质和水溶性维生素的糖尿病人来说，绝对是有益的；豆子中还有丰富的抗氧化物质，有维生素E，膳食纤维含量高，对于预防心脑血管并发症也有帮助。

（5）主食提倡混搭

粮食配蔬菜，粮食配豆子，都是好主意。蔬菜和豆类具有非常好的饱腹感，在降低血糖反应的同时还能有效降低饥饿感。比如传统的八宝粥，如果不放白米不加糖，而放较多的淀粉豆类，加上各种全谷食材，就是很好的主食。又比如中原地区传统的“蒸豆角”、“蒸蔬菜”，在豆角、蒿子秆、胡萝卜丝等蔬菜上面撒上豆面、玉米面、全麦粉等，上笼蒸熟之后，蘸着芝麻、蒜蓉调料吃，又香浓美味，又低脂低能量，替代一部分主食，是非常不错的选择。又比如在煮汤做菜的时候放些嫩豌豆、嫩蚕豆等，同时减去一半的米饭，也能提高一餐的营养质量，又避免饥饿。

（6）坚果、水果可限量食用

同时，糖尿病人还可以适量吃一点水果和坚果。减少做菜时放的油，用一小把坚果仁（25克）来替代，能增加膳食纤维和矿物质成分；用餐时减少两三口主食，留出份额来，餐间少量吃点水果（例如每次100克左右，每天200克），血糖就不会剧烈波动。这是因为大部分水果血糖负荷低，比如按同样碳水化合物来说，苹果、梨、桃、李、杏、樱桃、柚子、草莓等都很低，猕猴桃、香蕉、菠萝和葡萄的血糖指数略高，但其血糖负荷还是远低于白米饭。记得一定要吃新鲜完整的水果，不能用果汁替代，也不能用加糖的罐头水果替代。

王先生总算明白了，原来并非甜的就不能吃，不甜的就可以放心吃；

也不是见了淀粉食物就要躲开；还能吃水果，吃坚果，放多种调味料，还能吃饱饭，生活一下子就显得美好多了……

如果在家吃饭，这些都不难做到。但作为一位商业人士，经常要在外应酬，要做到每餐饮食合理还真不是那么容易。

（7）做好外食预案

考虑到餐馆吃饭时间不规律，内容也很难健康，我建议他的办公室里除了饮水机和小冰箱，再放个豆浆机，还有微波炉。晚上出门赴宴前，先喝点自制豆浆，冲点纯燕麦片，喝点无糖酸奶什么的，胃里就比较安定了，不至于低血糖，也不至于用餐时吃过量。在赴宴时有意点些蔬菜、豆子、豆制品和清爽鱼虾，少吃油腻菜肴，食物内容就不至于太不健康。

（8）坚持运动，加强肌肉力量

不过，糖尿病控制需要五驾马车，除了饮食、药物、监测、教育，还有一个非常重要的方面，那就是运动。餐后不能坐着不动，要做些轻微的活动，这样血糖就比较容易控制。

开始时如果体能差，可以先从散步开始，等体能好了，就加快速度，延长距离。最好能做做肌肉训练，哪怕在家里练练哑铃、拉力器或手持握力器也行。研究发现，不仅有氧运动对控制血糖有帮助，锻炼肌肉的阻力运动也有很好的效果。要先做些准备运动，量力而行，运动前后还要喝点水，避免运动损伤和脱水现象。

王先生从晚上坚持散步 3 公里开始，慢慢变成 5 公里，走路速度也逐渐加快，成了快走。后来，甚至背上双肩包做负重走。家里还买了各种小型健身器械经常练习。几年过去，王先生的体重减了，腰围缩了，体能也慢慢好起来。他注意监测餐后血糖，饮食控制坚持得很好，血糖水平渐渐回归正常范围，其他指标也都恢复了正常。

他笑说，自己在外赴宴之时，常见大腹便便肌肉松垮的老板们饭前都拿出针来，打胰岛素，然后豪爽地说：开吃开喝！这时候，他就庆幸自己醒悟得早。

回想当年生活，他很不理解自己当初为什么那么喜欢油腻厚味，记得那时候餐馆的油经常质地黏腻，自己却毫无警觉。他感慨道，如果不是患了糖尿病，还不知道要多吃进去多少那种地沟油级别的劣质油脂呢。

“有钱没健康知识，是最可怕的事儿。我算是感受到重获健康的幸福啦……”

这个故事给我们的启示：

（1）要想预防糖尿病，坚持体力活动，保证自己身体脂肪不超标、腰围正常、肌肉不萎缩，是个很好的预防方法。所谓天道酬勤，偷懒不会占便宜，最后在健康上损失更多。患糖尿病之后也是一样，迈开腿和管住嘴一样重要，维持肌肉功能对于控制血糖意义重大。

（2）糖尿病患者必须做到控油控盐，才有利于预防心脑血管并发症；食物的营养质量要比健康人更高，特别是多吃新鲜蔬菜，得到更多的抗氧化成分，才能避免提前衰老和残疾。

（3）糖尿病的饮食控制，并非吃得越少越好，太少可能造成营养不良，削弱体质，甚至发生低血糖危险。多吃营养价值高又耐咀嚼的蔬菜、杂粮和豆类，特别是将精米白面改成含一半淀粉豆的八宝粥，可以兼顾营养供应、饱腹感和控制血糖三方面。

（4）虽然在外饮食很难控制餐桌上的菜肴质量，但仍然可以通过预先准备健康食物、多点清淡菜肴、少取食油腻食物等很多方法来改善饮食。只要有预案、有决心、有毅力，就能尽量减少在外饮食对健康的危害。

最后说说我本人的体会。我的祖父母、父母都有慢性病，冠心病、高血压、糖尿病一样都不拉下。我本人年轻时有过低血糖症状，曾属于血糖控制不太理想的类型。考虑到这些风险因素，我从35岁开始注意锻炼身体，维持肌肉，控制饮食。至今保持着较好的体成分状态，血糖血脂方面也没有任何问题。我相信，只要自己努力，至少能坚持到60岁之前远离慢性病。

部分参考资料：

1. Livesey G, Taylor R, Hulshof T et al. Glycemic response and health—a systematic review and meta-analysis: relations between dietary glycemic properties and health outcomes. *American Journal of Clinical*

Nutrition, 2008, 87(1):258S—268S.

2. Foster–Powell K, Holt SHA and Brand–Miller JC. International table of glycemic index and glycemic load values: *American Journal of Clinical Nutrition*, 2002; 76(1):5—56.

3.《中国食物成分表（第二版）》，北京大学医学出版社，2008。

4. McCrory MA, Hamaker BR, Lovejoy JC et al. Pulse consumption, Satiety, and Weight Management. *Advance of Nutrition*, 2010, 1(11):17—30.

5. Kalyani RR, Metter EJ, Ramachandran R, et al. Glucose and insulin measurements from the oral glucose tolerance test and relationship to muscle mass. *The Journals of Gerontology Series A: Biological Sciences and Medical Sciences*. 2012, 67A(1):74—81.

@ 范志红_原创营养信息

低血糖者常以为吃糖吃甜食有好处，错了。除了眼前发黑时的应急之外，平日要少吃甜食，改吃低血糖反应饮食才安全。因为无论血糖过高或过低，都是身体血糖控制机制失灵的表现。遵循营养均衡的低血糖反应饮食，餐后血糖就不会忽高忽低，而是长时间保持平稳状态，也就不需要考验身体的血糖控制能力了。

卫生部公布，我国确诊慢性病患者已超2.6亿人，包括2亿多高血压患者、1.2亿肥胖者、9,700万糖尿病患者和3,300万高胆固醇血症患者，慢性病死亡占我国居民总死亡的85%，在疾病负担中所占比重达到了70%。肚子凸出的人们，如果还不改变自己的饮食和生活习惯，慢性病爆发将成为国家一大灾难。而政府如果不促进健康宣教，只怕会难以承受慢性病井喷的后果。

帮助预防“三高”的食谱

近年来，我国国民中血脂异常者日益增多，甚至很多青年人和孩子也加入了高胆固醇、高甘油三酯的行列，心脑血管疾病暴发流行的态势令人担忧。

在很大程度上，心脑血管疾病是“吃出来”的疾病，而血脂异常又往往是罹患这些疾病的前期表现。如果能够合理膳食，就能在血脂发生异常之前调整健康状态，或在指标刚刚出现异常时及时逆转，远离疾病风险，减少疾病治疗的痛苦和代价。

预防疾病的膳食，必然是食物多样、营养平衡、富含植物化学物（非营养素保健成分，通常存在于植物性食品当中，有助于预防癌症、抗氧化、控制血脂等）的膳食，以天然形态的食物为主，而且烹调中注意少油少盐。对于已经超重、肥胖、腰腹脂肪过多的患者，还要及时控制能量，促进体重和体脂肪向正常状态回归。

我曾为“平衡 2010 · 胆固醇健康传播行动”设计过一份帮助预防和控制“三高”的健康食谱：

早餐：

纯牛奶 200 毫升＋速食燕麦片（30 克）冲成糊

烤全麦馒头 2 片，夹入核桃仁碎 1 勺

水果 1 份（如大樱桃 1 小碗，或苹果 1 个）

营养丰富、品种多样而又美味的早餐，使一天的生活充满生机。

午餐：

豌豆、木耳、豆腐干炒肉丁（瘦肉 50 克、香豆腐干 30 克、鲜豌豆 70 克、水发木耳 50 克、植物油 8 克）

焯拌菠菜 150 克，用芝麻酱 10 克调味

红薯大米饭（米 50 克、红薯 100 克切丁）

饮料：豆浆 1 大杯 300 克（含大豆 15 克）

清淡、饱腹感强的午餐，提供大量的膳食纤维和钾、钙、镁等矿物质。

晚餐：

八宝粥1碗（红豆、绿豆、糙米、糯米、大麦、花生、山药干、莲子等共40克，加2～3枚枣）

清炒西兰花（西兰花150克，植物油10克）

蒸蛋羹（半个鸡蛋的量）

金针菇、胡萝卜丝拌海带丝（菜加起来100克，加3克香油）

减能量的晚餐，水分高、体积大、消化速度慢，不易饥饿，还能供应丰富的膳食纤维和植物化学物。

其他加餐/零食：

酸奶1小杯，西瓜1大片（200克）

适用对象：

体脂肪过高、超重者；血压、血脂、血糖异常，同时需要控制体重者。

体重正常的健康人使用这个食谱需要增加主食的量，并可增加动物性食品的供应。

食谱点评：

（1）无咸汤，无咸味主食，多用凉拌菜和清炒菜，少油少盐。

（2）能量适中，高饱腹感，低能量密度，温和控制体重。

（3）近500克蔬菜，多半绿叶菜，400克水果，提供大量膳食纤维、钾、镁和抗氧化成分。

（4）主食少精米白面，包括了谷类、淀粉豆类和薯类，富含膳食纤维和抗氧化成分。

（5）食物多样化，有28种原料，覆盖多种食物类别。

（6）在减能量的前提下实现各类营养素的充足供应，特别是中国人容易缺乏的维生素A、维生素B2和钙。

（7）可接受性好，集养生与美食于一体。食物品种适合各阶层食用，烹调方法不复杂。

远离高血压的吃法

很多朋友都问，到了冬天，血压容易升高，而自己的父母患有高血压，应当怎么吃？吃什么可以降血压？芹菜行么？醋泡黑豆行么？

说到这里，就想起某次在南京，和一位司机师傅聊过的一段故事。

司机问，高血压会遗传吗？我说，如果有高血压的家族史，特别是家族中很多亲人患有高血压，那自己患高血压的风险很可能比其他人高。

司机说：我父亲患有高血压，兄弟姐妹 5 人，4 人都有高血压，只有我一个人正常。我就总是担心，什么时候我也会得上这病。我说，风险大不等于一定会得病。如果你比别人更加注意健康生活，或许能一辈子都不得高血压呢。

司机脸上绽开了笑容。他说，还真是，我家和兄弟姐妹家吃得都不一样。他们都喜欢用大油炒菜、做点心，顿顿吃肉，特别喜欢吃红烧肉、糖醋小排骨、小笼肉包什么的，我家就没有——因为我娶了个穆斯林太太，不能吃大肉。我又不爱吃牛羊肉，家里只吃鸡肉、鱼虾和海鲜，也不是每顿都吃。太太喜欢清淡，炒菜都放素油，油和盐放得也比较少。零食点心不怎么吃，青菜豆腐倒是每天吃的，还喝一杯牛奶。

我说，也难怪你血压正常啊，你家的饮食可比你的兄弟姐妹健康多了。现在很多富裕地区的人吃的东西都不太健康，肉总是太多，蔬菜总是太少。很多江浙一带的人，炒蔬菜都要把菜泡在油里，烧汤时汤表面一层厚厚的油，要么就是浓浓的奶白汤，还特别喜欢吃脂肪高的猪肉，用猪油做菜。原本江浙一带做菜放盐较少，现在却越来越咸了，而且由于追求极度鲜美，味精鸡精放得多，也等于多吃盐。结果呢，原来南方人高血压比较少，现在发病率也一路上升。

你知道吗，国际上有个 DASH 膳食，就是用饮食方法控制高血压的一项研究结果，对于控制血压的效果相当明显。这个膳食就提倡多吃蔬菜、水果、豆类和坚果种子类，喝低脂奶，少吃精白面粉，少吃红肉，吃适量的鸡肉鱼肉等。从营养角度来说，这种饮食脂肪少，胆固醇低，钾、钙、镁含量高，膳食纤维、硝酸盐和抗氧化物质多，对控制血压和预防心脏病非常有好处。你家的吃法儿，和这个膳食模式还真有点像。若能减少白米饭，适当加点粗粮、豆类，就更完美了。

司机听了非常开心，他说：难怪啊，我老父亲在儿女各家轮流住，到了我家，半年之后，血压就慢慢低下来了，再后来，降压药也不用吃了。老人家说我家好，就不想走了。

不过，我又劝告他说，健康生活还不仅仅是吃东西的事儿。做司机工作，运动比较少，肚子容易发胖，这也是慢性病的隐患。还好，你现在体型还挺正常的。

司机又笑了：我太太身体比较弱，做售货员站一天也很累。我回家就抢着做家务，买菜做饭搞卫生，根本就闲不着。说来也是天道酬勤，很多司机都肚子发胖，颈椎不好什么的，我倒一点都没事儿。

都说成功的男人背后有个好女人，看来健康的男人背后也要有个好女人。太太生活习惯好，老公就跟着健康。

记录这个故事，并不是说高血压患者不需要继续服药，而是想说，对于预防和控制单纯性高血压来说，建立一个好的生活习惯真的非常重要。此外，也不能忘记要多做些体力活动，要保持好的心情，减轻精神压力。

这个故事的 3 个启示是：

（1）家族群发一类疾病可能有遗传的因素，但更重要的因素是亲人们有共同的生活习惯，特别是饮食习惯。只要把健康生活做到位，即便父母兄妹患病，我们仍然有很大的机会可以远离高血压、糖尿病、冠心病、痛风等慢性疾病。

（2）要预防和控制慢性病，并不是盯着吃几种所谓的“健康食品”、“降压食材”就够了，也不要指望偏方能解决一切问题。整体膳食结构健康才最重要。所谓膳食结构，就是食物的类别和数量比例。比如说，仅仅说“我吃素”远远不够，因为素食也并不意味着有足够的蔬菜、足够的豆类、足够的粗粮和足够的坚果种子；仅仅说“我今天吃了青菜”也远远不够，要看具体吃了多少菜，菜和肉是什么比例。

（3）疼爱妻子的男人更容易健康长寿。在这个故事里，老公尊重妻子的饮食习惯，对妻子体贴备至，结果是帮助自己远离了慢性病。现在很多家庭中，勤劳的太太承揽全部家务，老公回家就喝酒吃肉，然后坐在沙发上看电视，结果反而肚腩膨大，患上“三高”。另一方面，精神压力大也会增加高血压的风险，夫妻恩爱和谐，本身就是远离疾病的一个因素呢！

预防骨质疏松

“骨质疏松”这个词人们都不陌生，但真正了解它的人并不多。50岁以下的人很少把它和自己联系起来，因为身体并没有什么明显的症状，“无声无息的流行病”这一说法的确很适合骨质疏松。

不过，它与我们的距离，要比想象中近很多。

骨质疏松觊觎年轻人

1993年，医学界给骨质疏松下了一个明确的定义：原发性骨质疏松，是以骨量减少、骨的微观结构退化为特征，致使骨的脆性增加，以及易于发生骨折的一种全身性骨骼疾病。主要的临床表现是腰酸背痛、骨骼疼痛、易骨折。

这个病的发病过程很缓慢，却很普遍。现在全球约有1亿人患骨质疏松，甚至在比较年轻的人群中，这个病也在悄悄地蔓延开来——30岁的人，60岁的骨骼，一点不罕见。

因此，骨质疏松不仅仅是老年人的专利，年轻人也可能成为受害者。很多平日的不健康行为，都有可能日积月累地影响到我们的骨骼健康。

骨质疏松带来哪些痛？

（1）身上疼痛？

在骨质疏松患者当中，感到腰、背酸痛的人最多，其次是肩背、颈部或腕、踝部酸痛，同时全身无力。疼痛部位比较广泛，症状时轻时重，与坐、卧、站立或翻身等体位无关。也就是说，换什么姿势都觉得难受。

（2）身高变矮？

由于骨小梁变细、减少，骨骼易发生断裂。椎骨慢慢塌陷，使身材变矮，弓腰曲背。骨骼变形还可继发腰背疼痛，影响行走、呼吸等多种功能活动。

（3）容易骨折？

骨质疏松严重时，因为骨骼的强度和刚度下降，轻微推搡、摔跟头甚至坐车的颠簸和用力咳嗽，都可能引起骨折。最常见的骨折部位是脊柱椎骨、腕部（桡骨远端）和髋部（股骨颈）。

及早预防胜过治疗

30岁后，人体骨骼中的钙等无机物质含量逐渐减少，骨钙开始缓慢丢失，每年大约丢失0.1%～0.5%不等。随着年龄增加，骨钙流失速度不断加快。

对于骨质疏松症，目前尚无有效的方法使骨量已经严重丢失的患者恢复正常，因此预防胜于治疗。关键是要在骨质进入负增长时及时补充钙质，推迟骨质疏松的爆发时间。

需要强调的是，女性比男性更容易发生骨质疏松症。女性一生中因月经、怀孕、生产、更年期造成体内钙质的大量流失，50 岁之后下降速度会更快，因此女性更要注意提早采取多种措施预防骨质疏松。

良好生活习惯保持骨骼健康

远离骨质疏松，其实很简单，生活细节方面多多注意，从年轻时就开始养成良好的习惯。

（1）告别烟酒、咖啡

吸烟、喝咖啡、饮食口味太咸，都会阻碍体内钙吸收，导致钙吸收障碍。吸烟会影响骨质高峰的形成；过量饮酒不利于骨骼的新陈代谢；喝浓咖啡能增加尿钙排泄、影响身体对钙的吸收；摄入过多的盐和过量的蛋白质也会增加钙流失。因此上述习惯在日常生活中都应尽量避免。

（2）减肥的同时注意补钙

如果你正在减肥，一定要注意结合补钙。减肥时，食物摄入数量通常会明显下降，钙也随之减少，时间久了很容易导致缺钙。如果不能做到科学减肥，往往会在减肥的同时也减掉了挺拔健美的身姿，得不偿失。

另外，在膳食中多补充钙也有利于减肥。研究发现，当饮食中的钙不足时，能量更容易以脂肪的形式储存起来。

（3）多进行户外运动

运动能促进机体活动和肌肉收缩，促进骨的生长和钙在骨内的沉着，减少骨钙丢失；运动时晒太阳能有效增加维生素 D，更有利于钙的充分吸收和利用。

（4）合理饮食、科学补钙

要保持骨骼健康，饮食中要含有充分的钙质，还需要维生素D、维生素K、钾、镁以及B族维生素帮助身体充分利用钙。食物性的钙源种类要尽量多，不要从单一食物中摄取钙质。生活中比较常见的含钙高的食物有：酸奶、牛奶、卤水或石膏点的豆腐（包括豆腐丝、豆腐干、豆腐千张等）、连骨食用的小鱼小虾（包括海米、虾皮、小鱼、小河虾、小泥鳅等）、深绿色蔬菜（如小油菜、小白菜、苋菜、带叶小芹菜、豌豆苗等），坚果和油籽（芝麻酱、芝麻、榛子、松子等）。白米、白面、牛羊猪鸡都是钙极少的食物。

除了日常的均衡膳食，采用钙营养补充剂也是解决钙摄入不足的有效手段。目前的钙补充剂大部分都添加了维生素D，这对于保证钙的吸收十分重要。需要强调的是，补钙不是越多越好，每日400～600毫克即可，最好在饭后立即服用。

在服用钙剂的同时，还要多摄入富含钾、镁的食物，如豆类、薯类、绿叶菜等，可以预防钙排出量过多的问题；摄入富含维生素K的深绿色叶菜和大豆，可以帮助钙充分沉积入骨骼，能更好地预防骨质疏松。

另外，要避免影响钙吸收的食物因素。例如，草酸遇到钙即结合成为不溶性的钙盐，这会降低钙的营养效果。所以食用含草酸高的蔬菜（如菠菜）之前，最好先在沸水中过一遍，这样可除去大部分草酸，再炒着吃、拌着吃就不必担心了。

@ 范志红_原创营养信息

老一代人有阳光，有运动，有足够的粗粮、杂粮、青菜，这些对于骨骼都非常重要。天天吃汉堡、红烧肉，喝甜饮料，玩游戏，看电视，泡网络的生活是不可能对骨骼有好处的。我个人的健骨做法：经常做对骨骼有点冲击的运动，如跑跳和负重；不用防晒霜，多获得维生素D；每天吃至少半斤绿叶菜，增加钾、钙、镁元素和维生素K；每天200～300克酸奶或牛奶；日均鱼肉量不超过100克；常吃粗粮、豆类和薯类；尽量远离甜饮料和甜食。

2. 延缓大脑衰老

吃什么让大脑延缓衰老？

最近经常听到朋友们抱怨，自己的记忆力是越来越差了。不仅人名和地名经常忘记，明明出门之前带了一样东西，转眼就忘记放在哪里了，遍寻不见，回家之后才发现，放在桌上忘记拿出门了。人还不到40，脑子就变得这么不中用了……

的确，每个人都有过年轻的时候，那时候我们精力充沛，记忆力非常好。记得大学时代考试的时候，对死记硬背类型的题全然不惧，连答案在课本的第几页第几行都记得清清楚楚。到了40岁乃至60岁时，哪里还有这样的能力呢？

其实，这就是大脑衰老的蛛丝马迹了。如果没有未雨绸缪的理念，任凭大脑功能下降，到70岁之后，部分人认知会下降严重，记忆力、理解力、判断力、空间感知能力等认知功能都会大大下降，甚至患上阿尔茨海默病，逐渐演进到痴呆状态。

那么，如何才能保护我们的大脑，吃什么才能让它功能活跃，延缓衰老呢？相关的研究给了我们很多提示。

人们最为熟知的，是吃鱼对于预防大脑衰老有好处。多项国外研究发现，对于65岁以上的老年人来说，吃鱼或服用含有omega-3脂肪酸的胶囊可以降低发生阿尔茨海默病的危险性。如Hordaland Health Study研究中对2,031名70～74岁男性的调查发现，膳食中鱼的摄入量与认知功能之间有正相关，鱼摄入量越多的人，认知功能越好[1]。日本一项研究也发现，阿尔茨海默病患者的饮食行为有很多共性，无论男女，他们的鱼类摄入量都比健康老人要少。

不过，吃鱼并不是唯一的因素，鱼油也未必是解决老年性认知衰退

---

[1] Nurk E, Drevon CA, Refsum H et al. Cognitive performance among the elderly and dietary fish intake: the Hordaland Health Study. *Am J Clin Nutr*, 2007, 86(5): 1470—1478.

的灵丹妙药。想想那些内陆居民，比如山区和沙漠里生活的人，还有素食主义者，可能长年累月都没机会吃鱼，但他们并非人人都会患上阿尔茨海默病。显然，膳食中还另有一些帮助人体保持大脑健康的因素，其中富含叶酸等维生素和抗氧化物质的蔬菜水果最为人们所关注。

《阿尔茨海默病》杂志（*Journal of Alzheimer's Disease*）2009年刊登了德国科学家的一项研究，他们测试了193名45～102岁的中老年人，发现凡是蔬菜水果摄入量高者，其血液当中的抗氧化成分含量高，氧化产物水平低，认知测试得分显著高于蔬果摄入量低的人。无论教育水平、体重、血脂高低，结果都一样[①]。

另一项法国研究对 8,085 名 65 岁以上的老年人进行了调查，也发现蔬菜水果和鱼类一样，摄入总量越高，患阿尔茨海默病的风险则越低[②]。

还有多项研究发现，在膳食中增加菠菜、蓝莓、草莓、黑巧克力、绿茶、螺旋藻等富含抗氧化成分的食物，对于预防认知功能随年龄下降有明显帮助[③]。后续研究证实，食物中的多种抗氧化成分能减少促炎性细胞因子的生成，减少淀粉样蛋白，减少衰老对于神经传导功能的降低作用。

那么，蔬菜和水果，到底哪一类对于认知功能最有帮助呢？一篇 2005 年发表的研究在 13,388 名女性中进行了长达 17 年的膳食习惯调查，并做了认知能力的测试。结果发现，水果吃多吃少，与认知功能退化并无显著联系，但蔬菜摄入总量越多，认知功能的下降危险就越低。特别是深绿色叶菜，

---

① Polidori MC, Pratic ó D, Mangialasche F et al. High Fruit and Vegetable Intake is Positively Correlated with Antioxidant Status and Cognitive Performance in Healthy Subjects. 2009,17(4):921—9273. Barberger-Gateau P, Raffaitin C. Dietary patterns and risk of dementia: The Three-City cohort study. *Neurology*. 2007, 69(20):1921—1930.

② Barberger-Gateau P, Raffaitin C. Dietary patterns and risk of dementia: The Three-City cohort study. *Neurology*. 2007, 69(20):1921—1930.

③ Joseph JA, Shukitt-Hale B, Denisova NA. Reversals of Age-Related Declines in Neuronal Signal Transduction, Cognitive, and Motor Behavioral Deficits with Blueberry, Spinach, or Strawberry Dietary Supplementation. *The Journal of Neuroscience*. 1999, 19(18):8114—8121.

摄入量越高，认知功能的衰退就越少，差异极为显著[①]。

无独有偶，另一项2006年发表在《神经学》(*Neurology*)上的研究对3,718名65岁以上老年人跟踪6年，调查他们的饮食内容和认知情况，也发现蔬菜摄入量越多，认知功能下降就越少，水果摄入量则没有关系[②]。中国的研究则发现，蔬菜摄入量与老年人的抑郁评分有负相关[③]。

为何蔬菜比水果对保护大脑更有价值呢？一方面可能是因为绿叶蔬菜抗氧化物质含量和维生素含量高于大部分水果，另一方面可能是由于水果含有较丰富的果糖，而有研究提示，果糖摄入量高，可能会促进大脑衰老，增加阿尔茨海默病发生的风险[④]。

或许我们可以这么说，对于维护一个聪明健康的大脑，多吃绿叶蔬菜，就像多吃鱼一样重要。

最后还要提一提科学家们的其他健脑忠告——少吃肉类脂肪，少喝甜饮料，少吃甜点甜食，少吃含大量饱和脂肪和反式脂肪的食物，减少精米白面比例以降低膳食血糖反应，充分补充各种维生素和微量元素，学会减轻精神压力，多运动，勤动脑等，都是让自己大脑保持年轻的要点。仅仅经常吃鱼还远远不够哦！

[①] Kang JH, Ascherio A, Grodstein F. Fruit and vegetable consumption and cognitive decline in aging women. ANNALS,2005,57(5):713—720 6 Morris MC, Evans DA, Tangney CC. Associations of vegetable and fruit consumption with age-related cognitive change. *Neurology*, 2006, 67(8):1370—1376.

[②] Morris MC, Evans DA, Tangney CC. Associations of vegetable and fruit consumption with age-related cognitive change. *Neurology*, 2006, 67(8):1370—1376.

[③] Woo J, Lynn H, Lau WY. Nutrient intake and psychological health in an elderly Chinese population. *Journal of Geriatric Psychiatry*. 2006, 21(11):1036—1043.

[④] Stephan BCM, Wells JCK, Brayne C. Increased Fructose Intake as a Risk Factor For Dementia. *Journal of Gerontology*. 2010. 65A(8):809—814.

3. 预防癌症

高血糖反应食物增大癌症风险

癌症或许是人们最恐惧的一种疾病。没有人希望自己体内存在癌细胞，而一旦患上癌症，似乎就已经被命运宣判了。然而，事实的真相是，几乎每个人都曾与癌细胞及其他的变异细胞进行斗争，只不过斗争的结果不尽相同：有人一开局就取得了胜利，而有些人则败下阵来，任凭癌细胞不断蔓延如燎原之势，甚至连各种治疗也无济于事。

德国生物学家 Johannes F. Coy 博士发现，癌细胞特别喜欢血液中供应的葡萄糖，它消耗葡萄糖的速度是普通细胞的二三十倍。这些疯狂的细胞通过酵解途径把葡萄糖变成大量的乳酸，用它来侵蚀正常细胞，不断扩散转移，同时也用这种方法来阻断癌症治疗的作用。血糖水平越高，癌细胞就越能轻易地制造大量乳酸。通过调整饮食，严格控制餐后的血糖浓度，让癌细胞得不到足够的糖，就能控制癌细胞的能量来源，从而让它无法扩散转移，部分失去作恶的能力，并发挥各种治疗措施的作用。

一项在欧洲进行的历时 13 年、调查了 6 万多人的研究也发现，血糖水平较高的妇女罹患癌症的风险也比较高，无论是空腹血糖还是餐后血糖都一样。而且，即便身体并不胖，血糖高也会带来更大的癌症风险。

要控制血糖水平，主要就是要减少精米白面制成的食物、甜食等高血糖反应食物，减少食物中的淀粉总量。这不仅对癌症病人有益，对于糖尿病人也一样非常重要。

很多营养学家都把深邃的目光放到人类进化的历史进程当中。在几百万年的进化过程中，甚至数百年前，人们都不曾有过精米白面，不曾有过甜食甜饮料，不曾有过精炼的油脂。所以，人类的代谢机制不知道该如何在缺乏运动的情况下处理急剧升高的餐后血糖，也不知道该怎样应付大量的糖、精白淀粉加上油脂做成的食品。人类也不曾像今日这样，虽然吃得很饱，并自以为内容丰富，其实食物原料极为单调，微量营养素和植物化学物严重不足。剖析那些看似千变万化的食品，其原料无非是精制的面粉或白米、精炼的油脂、精制的糖，加上盐、香精或增味剂，再加上其他食品添加剂。它们的营养价值，实在与其诱人的口感风味不相匹配。

与此巧合的是，癌症也只有在近代才开始多发，在近几十年中日益猖獗。除了环境污染，饮食方式不合理、体力活动严重不足以及其他错误的生活方式，也很可能与癌症的流行有密切的关系。现代研究证明，目前发生率快速上升的肠癌、乳腺癌、前列腺癌、子宫癌、卵巢癌、胰腺癌等，其患癌风险都在一定程度上与错误的饮食内容有关。

减少精米白面和甜食并不意味着完全不吃含淀粉的食品，各种天然状态的植物性食物几乎都有利于癌症的预防。全谷类食物（即粗粮、糙米、全麦）的血糖上升幅度相对较小；豆类几乎不会引起明显的血糖上升；即便是被看作高淀粉食品的薯类和栗子，血糖升高的速度也要比精米白面低得多；蔬菜和大部分水果也是较少升高血糖的食品。

从健康角度来说，人不需要摄入任何添加精制糖的食物。只要有淀粉类食物的供应，人类就不会缺乏葡萄糖。但甜食也不是洪水猛兽，我们完全可以与之和平共处。只要在日常生活中坚持多吃粗粮、豆类和薯类，然后像30年前的人们那样，偶尔让自己享受一点甜食，就更能体会到人生的幸福和美好。

减少食物中的精白淀粉并不意味着营养缺乏。与癌症细胞做斗争，需要大量的营养素供应。因此在控制淀粉类食物的同时，维生素、矿物质等营养素一种都不能少，蛋白质也要充足供应，并极大丰富各种微量营养素的来源，增加抗氧化成分以及所有植物化学物的摄入量。这就意味着要提高膳食的内在质量，吃多样化的天然食物，吃人类祖先适应的食物。鱼类、肉类、蛋类和奶类都不是魔鬼，只要合理选择和烹调，它们可以和蔬菜、水果、豆类等食品一起，成为抗癌饮食的一部分。

资料来源：*American Journal of Clinical Nutrition*, 2006, 84(5):1171—1176.

蔬菜多一些，癌症少一些

关于乳癌与食物的关系，在女人当中有种种传言。有人说，喝牛奶导致乳癌。有人说，肉蛋奶中的激素导致乳癌。有人说，添加剂导致乳癌。这些说法都缺乏充足的科学证据。

更可信的是，运动不足、日照太少、身体脂肪过多、动物性食物过多，都和乳癌发生有正向关联。而 Malmo Diet and Cancer Cohort 这项大型研究的结果表明，摄入绿叶蔬菜太少，也可能是危险的来源之一。

这项研究发现，叶酸的摄入量高，则乳腺癌发病率会显著降低。在九年半的时间当中，研究者跟踪 11,699 名 50 岁以上的妇女，记录她们的乳癌发病情况。结果发现，叶酸摄入量最高的 20% 女性，患上乳腺癌的风险只有最低组的 56%。研究者早已知道，叶酸会降低血液中“同半胱氨酸”这种物质的浓度，从而有利于心脏病和帕金森氏病等疾病的预防；近年来，人们还发现，叶酸摄入量较高，则肠癌等多种消化系统癌症和胰腺癌的发病率也较低。这次调查结果，为叶酸的健康作用又增添了一个砝码。

叶酸是绿叶蔬菜当中含量极其丰富的一类营养成分，通常，越是深绿色的叶菜，叶酸含量就越丰富。菠菜、苋菜、小油菜、小白菜、茼蒿等，都是上好的叶酸来源。此外，黑豆、黄豆、花生、坚果等食品也含有不少叶酸。

除了绿叶菜，其他颜色浓重的蔬菜也是含保健成分和营养成分最多的品种，比如大红色的蔬菜含有番茄红素，紫红色和紫黑色的蔬菜含有花青素，橙色和黄色的蔬菜含有胡萝卜素。常吃五色蔬菜，对预防癌症和多种慢性疾病都有好处。

蔬菜的摄入量也很要紧。吃一点点蔬菜，是不能充分获得其健康效应的。要想在膳食中占据10%的份额，需要每天摄入500～1,000克的蔬菜，其中最好能有一半以上的深绿、红色或橙色蔬菜，深绿色蔬菜最好能有300克。记得蔬菜烹调应当清淡，油脂浸透、炒糊烤焦的蔬菜，是没有防癌效果的。

以下是增加蔬菜摄入量的办法：

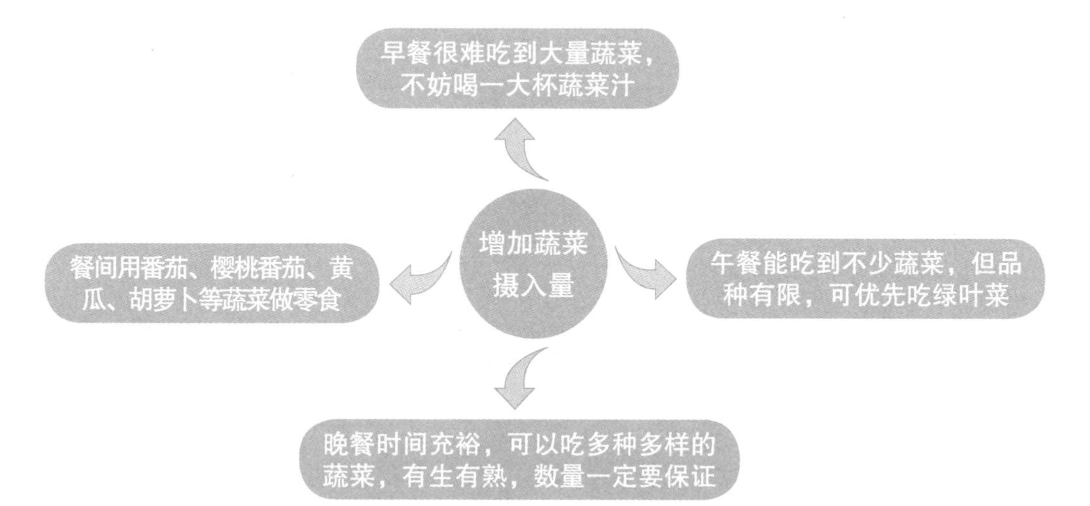

@范志红_原创营养信息

【抗癌物质谁最多】十字花科蔬菜富含具有抗癌作用的硫甙类物质，究竟哪种蔬菜含量最多？按总含量，日常蔬菜中硫甙类物质含量最高的是水田芥，然后是芥蓝和芥菜、萝卜、西兰花、圆白菜和白色菜花，最后是大白菜和娃娃菜。按我们最近测定的数据，娃娃菜中的含量约是芥蓝和芥菜的1/4。品种间差异较大。太脆太嫩的菜往往营养素和保健成分含量有限，尽是水分了。叶片硬一点、韧一点的菜，往往营养价值更高。

晒太阳，防癌症

人们通常以为维生素 D 只有促进骨骼健康的作用，大量研究证实，维生素 D 与超过 100 个基因的活化有关，对人体的免疫系统具有重要的调节作用。一项由威斯康星大学发表的研究报告就表明，缺乏维生素 D 的人，罹患阿尔茨海默病的风险要大得多。

而最新研究已经确认，维生素 D 还能够帮助预防多种癌症、心脏病、糖尿病、风湿性关节炎、多发性硬化症。糖尿病患者当中，竟有 60% 的人维生素 D 不足！如果能够有效提高自己体内的维生素 D 水平，每年就有数百万人可以避免死亡的威胁！故而，维生素 D 目前被公认为最能有效延长寿命的维生素。

欧洲肿瘤研究所和国际癌症研究所的研究人员对 18 项相关研究做了综合分析，发现在这些研究当中，给受试者补充维生素 D 都得到了降低死亡率的结果。受试者超过 57,000 人，时间长达 6 年之久，补充维生素 D 的数量从 300 国际单位到 2,000 国际单位不等。

与没有服用维生素D补充剂的对照人群相比，服用维生素D的人死亡率降低了7%，血液中的维生素D也升高了40%～50%。

研究者认为，之所以死亡率有所下降，主要是因为维生素 D 具有调节细胞增殖功能的作用，阻止了细胞的异常增殖，从而有利于预防癌症的发生。

在地中海地区居民当中进行的研究也发现，日照时间和体内维生素 D 水平与乳腺癌的发病率有极密切的关系，日照越充足的人群当中，乳腺癌发病率越低。除去乳腺癌之外，欧洲和北美的研究均证实，维生素 D 还可以帮助人体减低罹患结肠癌、前列腺癌、卵巢癌等多种癌症的风险。《科学》杂志的一篇研究论文推测，充足的维生素 D 可以促进分解由高脂肪膳食诱导产生的一种胆酸类诱癌物质，从而降低人体结肠癌的发病率。

在空气质量较差的大都市，以及寒冷的冬季，由于日照不足、户外活动较少，皮下合成的维生素 D 严重不足。很多女性为了保持雪白的皮肤颜色，害怕紫外线照射引起的皱纹，一年四季都要涂抹防晒霜，又大大地减少了维生素 D 合成的机会。因此大部分都市居民的维生素 D 水平低于理想数值。那么，该如何获得足够的维生素 D 呢？

（1）通过室外活动照射日光来获得维生素D是最为安全和方便的途径，而且数量大于食物中的摄取数量。因为人体所需维生素D的90%由日光照射产生，这种来源的维生素D效果最佳，且无任何毒性。在阳光温暖的时候，每天只需要30～60分钟的户外活动即可达到目的。防晒霜会阻隔紫外线，因而会严重妨碍维生素D的合成。当然，暴晒的夏日还是应当注意遮阳，使用防晒霜，以避免晒伤。

（2）如果不能得到充足的日光，人们最好能够通过天然食物补充维生素 D，如全脂牛奶、奶油、蛋黄、多脂肪的海鱼和鳕鱼油、肝脏和肾脏等。植物性食品和肉类当中几乎不含有维生素 D。

需要注意的是，维生素 D 摄入过量可能引起不良反应，甚至导致骨骼钙化异常和动脉钙化，因此吃鱼油时应控制在每日 2 小勺以内。但不直接大量食用海鱼肝脏或鱼油，从食物中摄入维生素 D 是安全的，不会引起过量的危险。

（3）如果服用维生素 D 补充剂，应注意按说明控制服用剂量，因为过量时可能发生中毒。复合维生素制剂中通常会含有维生素 D，因此，服用几种含有维生素 D 的营养品时，一定要计算食物和药剂中的维生素 D 总量。

资料来源：*Archives of Internal Medicine,* September 10, 2007. 167:1730—1737.

@ 范志红_原创营养信息

维生素 D 和着装有关系。女生往往脸上要涂防晒霜，如果能把腿露出来，接触阳光的裸露皮肤面积越大，则同样时间获得的维生素 D 越多。夏天穿短袖，20 分钟暴露于阳光下就能满足一天的需要。秋冬时如果皮肤被衣服覆盖，脸上又涂防晒，就基本上得不到维生素 D。

近一百年来，不仅奶牛的饲料，猪、鸡的饲料也变了，粮食豆子、蔬菜水果的栽培方法变了，空气质量变了，作息时间变了，体力活动强度变了，精神压力变了……所以，用一种食品来解释某种慢性疾病或癌症的病因，多少有点牵强。

多名国外专家认可的防癌建议：1. 多接触阳光，保证充足的维生素D; 2. 控制胰岛素水平，少吃甜食和精白淀粉; 3. 有足够的体力活动; 4. 保持好心情; 5. 早睡觉、睡好觉; 6. 保持健康的体重; 7. 吃足够的蔬菜; 8. 烹调多用蒸煮拌，少用炸煎炒；9. 远离环境污染，少用日用化学品; 10. 提高膳食中 omega-3 脂肪的比例。

在北京，肺癌是仅次于乳腺癌的女性第二大癌症。很无奈的是，在会议、聚餐等公共场合，女性无法避免二手烟的长时间污染。大气污染、装修污染无法逃脱，很多女性还要忍受缺氧到让人窒息的办公室空气环境，再加上烹调油烟。

人们对嘴里吃进的食物比较在意，对吸进肺里的空气则很少关注。其实，胃肠道还有点灭活毒物和排除污染的能力，而肺除了纤毛、黏液的保护之外却没有解毒能力。所以吸进肺里的污染更危险，也更直接。遇到烧烤烟气，最好绕开走，或者屏息赶紧跑过去。即便如此，衣服上还是会沾上很多致癌烟气的微粒，回家都无法散去。所以把外衣挂在门口是个明智之举，尤其是有孩子的家庭。

4·3 特殊情况的饮食

繁忙时如何保证营养？

对于很多人来说，一说起饮食健康的问题，就首先推说自己实在没有时间去制作健康食品。我忙啊。我没工夫好好吃午饭啊。我没时间去买蔬菜水果啊……其实，即便你的工作十分繁忙，只要真心实意地关注自己的健康，就能给自己找到基本合理的食物。让我们来想几个简单的小办法。

（1）提前多烹调一些健康食物

尽管蔬菜不便反复加热，肉类、蛋类和粗粮主食是可以在冰箱里放一两天的。你可以在晚上一次烹调两餐用的全麦蔬菜软煎饼，或者是藕块炖排骨。这样，你就不必在次日晚归饥肠辘辘的时候用速冻饺子来凑合一餐，只要把存货热一热，再花几分钟做个凉拌番茄或焯拌菠菜，就能吃到一顿舒舒服服的健康晚餐了。

（2）准备一些可以生吃或冷吃的食品

生吃或冷吃的食物准备起来较快，可以节约大量时间。凉拌菜、蘸酱菜或放少量沙拉酱的沙拉都是不错的选择。如果可能的话，早餐时喝杯鲜榨果蔬汁花不了几分钟。坚果类是很好的零食，是维生素 E 和矿物质的好来源，当早餐吃很方便，还能作为上午的点心。此外，酱牛肉、茶鸡蛋之类冷食品也可以作为备餐的蛋白质食品来源。

（3）提前想好午餐吃什么

许多人都不得不在外面吃午餐。由于疲劳和饥饿，人们自然而然地想吃那些马上到嘴的食物，那些高能量高油脂的食物。一进饮食店，马上会被各种食物诱惑得失去理智，结果作出错误的选择。如果在早上上班路上就作好决定，坚定地点自己选好的食物，往往会比较健康理性一些。比如，本来定好在快餐店吃石锅拌饭加朝鲜泡菜，就不要因为一阵炸羊肉串的香气而改为炸肉串加水煎包。

（4）准备一些健康的“备荒食品”

在极度饥饿之前安慰胃肠，通常会让人一直保持理智的状态。健康的备荒食品其实花样很多：盒装的牛奶、豆浆、酸奶都有很好的饱腹感；坚果类、水果类、水果干、低脂的蔬菜饼干、粗粮制成的点心，都是很方便的食物，营养价值也不错；低糖黑巧克力、海苔和果冻也是可以考虑的零食。然而，也要记住一个重要的原则：如果不饿，千万不要习惯性地把零食拿出来吃。

（5）学习一点食物搭配的基本知识

要知道什么食物是你最需要的，什么食物是你应当远离的。在一餐的食物当中，一定要纳入那些关键的食物，比如尽量多的蔬菜，比如全谷类的食物。也要知道你可以用什么食物取代另一些食物，比如用豆制品替代肉类，用甘薯替代米饭。当然，你也需要对周围的饮食场所及其菜谱作个小小的评价，知道哪些有益于你，哪些应当远离，快餐店的食物怎样搭配才能达到营养平衡。

选一餐健康的饭菜，备一点健康零食，并不需要耗费多少精力，要的只是你对自己真心关爱的意识。

@范志红_原创营养信息

【如果感觉很累】如果你感觉身体特别疲劳，比如在加班、做项目、赶稿子、讲课、做实验、写材料等脑力极其劳累或压力很大的工作之后感觉到疲劳，千万别用大量高蛋白美食慰劳自己，也不要去健身房大量运动。先吃些容易消化的食物，再好好睡觉，休息之后再起来，精神饱满地锻炼，同时吃饱三餐，就好了。

压力状态下的饮食

都说工作辛苦会让人瘦，如今很多人却是越忙越肥。一位美女沮丧地说：头脑累得发昏，眼睛熬得熊猫一样，腰围却也像熊猫一样日益加粗！是压力和肥胖之间有什么阴谋协议，还是自己真的吃错了？

虽然是随口一说，不想却正中靶心——这两句话，碰巧都说对了。

有研究发现，精神压力的确会令人发胖。

在远古，压力主要来自于觅食和求生。比如说，被野兽追赶时，人们只有两种选择：搏斗或逃跑，两者一样会耗费极大的体能。为了供应求生所必需的能量，身体会释放出肾上腺素这种压力激素，升高血压，提高血糖，为肌肉运动做好准备。跑过了，搏过了，血糖消耗掉了，自然就降下来了。所以，肾上腺素本身并不会令人发胖，它只是身体准备高强度运动的一种准备状态。心情紧张的时候，只要做做运动就能让身体放松下来，也正是出于这个古老的机制。

可惜，现代人的压力都是慢性精神压力，而且与肌肉运动几乎无关。在血糖、血压升高之后，坐在办公室里却无处消耗这些集中在血液中的能量。这样一天到晚处于高血糖状态，就会提高胰岛素的产生量，而胰岛素降低血糖的作用机制是促进脂肪合成，抑制脂肪分解，结果自然是容易发胖。

还有研究证明，睡眠不足、情绪不安，都容易造成食欲控制的紊乱。睡眠不足时，人们对饱饿的敏感度会下降，很难控制食量；而情绪不安时，甜味的食品能带来暂时的安慰，会让人们更加向往甜食。特别是女性，很大比例的女性都有"情感进食"倾向，一旦心情烦闷、沮丧、痛苦，就会大吃高脂肪高能量的甜食点心或零食。不过，吃过之后，暂时性的安慰很快就会过去，身体重新回归痛苦，于是食欲又会恶性循环。不用说，这些都是肥胖的隐患。

另一方面，主动选择错误食品，也是压力与肥胖相联系的重要原因。

一旦工作辛苦，人们就喜欢慰劳自己。动脑子多嘛，听说鱼比较补脑，就主动给自己点条红烧鱼；听说需要优质蛋白，就给自己来盘烤牛排。晚上加班或熬夜，就有理由吃炸薯片和酥脆饼干；情绪低落，更有理由给自己买块奶酪蛋糕……

其实，这些食物与其说能提高工作效率，还不如说正好是给大脑找麻烦。

因为无论工作怎样繁忙，每天也就需要60克左右的蛋白质、一两肉或鱼、一个蛋一杯奶，加上6两主食和一斤蔬菜就已经足够了，过多的蛋白质是给自己添乱。

人体在精神压力巨大的时候，植物性神经的功能受到压抑，分配到消化道的血液不足，消化吸收功能就会明显受到影响。很多消化功能本来就比较差的人，更是只有在全心全意、轻松愉快的时候才能充分消化吸收。如果休息不足，睡眠不佳，还会妨碍消化道细胞的更新和修复，容易造成“食物不耐受”，其常见症状之一就是莫名其妙地发胖。

在各种食物当中，最难以消化的就是高蛋白、高脂肪的食品。蛋白质类的食物需要较多的胃酸和蛋白酶，氨基酸被吸收之后的后期处理也最复杂，所以吃高蛋白食物给胃和肝脏带来的压力都比较大；而脂肪多的食物排空慢，还需要较多的胆汁来帮忙。

除了高蛋白高脂肪的食品，压力大、头脑疲惫时，人们往往会想到补脑食品。补脑食品的老生常谈很多，有说核桃补脑的，也有说鱼油健脑的。这些说法都没什么实际意义，因为核桃、鱼油中含有的omega-3脂肪酸虽然为大脑细胞的发育所需要，但大脑细胞在童年时就已经发育完成，细胞终生不再增殖。

补充大脑活动所需的营养成分，以水溶性维生素和磷脂最为重要。磷脂是与记忆有关的神经递质乙酰胆碱的合成原料，在蛋黄、大豆中最为丰富。维生素中最要紧的是维生素B1，因为它在人体中的储存量最小，几天不足就可能对工作效率有所影响。其他如脂溶性维生素和微量元素，都不是几天内能看出效果差异的营养素。因此，适当吃些粗粮、薯类、豆类来补充B族维生素是有必要的。另一方面，这些主食的血糖反应比较低，属于“慢消化碳水化合物”，有利于长时间维持精力、保持情绪稳定，从而保证学习工作的效率。

另一些有利于稳定情绪的营养素是矿物质。减少钠的摄入，增加钾、钙、镁的摄入量，有利于保持情绪沉稳平和。多吃蔬菜和水果最有帮助，特别是富含镁的各种深绿色叶菜和富含钙的酸奶，对抵抗压力最为有益。加工食品要尽量避免过多，因为其中的香精、色素、磷酸盐等成分可能对情绪造成不良的影响。

在需要长时间集中精力时，除了调整食物品种，还可以减少正餐食量，两餐之间适当加餐。欧美国家有吃上午点、下午点的习惯，正是为了在餐后3小时血糖下降、精力不足的时候适当“充电”，以提高工作效率。

说到这里就能明白，干了一天体力活儿，用大鱼大肉慰劳自己还是可以的；干了一天脑力活儿，饭后还要继续干下去，又要防止肥胖，就不能多吃油腻厚味、给消化系统带来沉重负担的食物，也要减少白米白面比例，更要远离各种甜食。否则，脑子没补成，倒是把肚子上的肥肉给补足了。

而选择低脂肪、高纤维、清淡简单的食物，能尽量降低消化系统对人体精力和能量的消耗，才能保证饭后不至于昏昏欲睡，脑力效率下降，从而使精力充沛、思维敏捷、腰身苗条。

总结以上理由，提出压力下饮食的几个建议：

（1）饮食量以七成饱为好，鱼肉供应量低于或相当于平日的水平，宜有蛋类和豆制品。

（2）烹调方法清淡，不用煎炸烧烤，烹调油适当减少。

（3）增加蔬菜供应量，特别是各种绿叶蔬菜，但宜少用产气蔬菜如西兰花、洋葱、牛蒡等。

（4）主食宜增加粗粮、薯类和豆类的比例，保持血糖稳定。如果平日不吃豆类，豆类不宜吃太多，避免产气。

（5）午餐、晚餐只吃七成饱，避免影响饭后的工作学习。两餐间宜有少量加餐。

（6）尽量少吃各种甜食、甜饮料和含香精、色素的加工食品。

（7）严格预防食物过敏和食物中毒，不吃来源可疑和以前没吃过的食物。

（8）如果食欲不振或消化功能下降，宜服用助消化药物和复合维生素。

病人该喝什么粥?

现在很多人认为手术后的病人需要补充营养，因此在家中熬粥的时候也熬得烂烂稠稠的，觉得这样一来有利于病人消化，二来营养价值丰富。

听到这种说法，就想起我跟大连中心医院营养科主任王兴国教授在颐和园北宫门外曾经有过的一段谈话。王老师感慨地说，住院的很多病人，与其说是死于疾病本身，还不如说是死于营养不良造成的衰竭。非常奇怪，病人一入院，就自觉地放弃正常饮食，只依赖于两种食品——白粥和骨头汤。遗憾的是，这两样食品，实在不能支撑病人的营养需求。

“病人必须喝白粥”，这是哪儿来的规矩？我想来想去，大概还是来源于古人对喝粥好处的歌颂吧。我发现古代就开始把粥当成病弱者的食物，以及长期饥饿之后的恢复饮食。还有人坚信，喝粥表面上的那层浓汤，“能令人百日肥白”。

我体会，古人赞美喝粥，其中有几层意思。一是粥是穷人的救命食物，在粮食少到干饭不够吃的时候，煮粥可以用较少的粮食来维持生命；二是有知识的人和僧、道中人喝粥，和富贵者大鱼大肉的生活相比，有清雅、脱俗的感觉；三是对病弱者来说，粥容易消化，给消化系统带来的负担最小，也不容易引起过敏或不良反应等麻烦。

不过，还有几个问题要讨论：1. 什么米熬粥好？古人所说的粥，是我们现在所吃的白米粥吗？2. 所谓病人喝粥养生，是除了粥不吃其他食物吗？3. 古人要养的病，是我们现在广泛流行的慢性病吗？是现在的手术后病人康复所需要的营养状态吗？4. 粥是熬得越烂越营养吗？

我们来一个一个地回答这些问题。

首先，古代并没有现代的电动碾米机，他们所吃的大米，若不是糙米，就是精度比较低的白米，和现在所说的精白米完全不是一种状态。

即便在30年前，国人也都是吃标准米，就是“92米”；而现在的米，差不多是70米，也就是外层30%都被去掉的米，其维生素和矿物质的含量通常只有糙米的1/4～1/3，营养价值与92米不可同日而语。传说“令人百日肥白”

的米汤，也是那种糙米或轻度碾磨后的米煮出来的粥汤。与现在的精白米汤相比，它的维生素和矿物质含量的确要高很多。

同时，所谓的粥，也不排除其他的粮食种类，比如小米粥。小米的维生素 B1 和铁元素含量，按《中国食物成分表》（第二册）的数据，分别是我们现在所吃特级粳米（以著名的小站稻米为例）的 8 倍和 5 倍。燕麦呢？维生素 B1 和铁的含量都是这种白米的 14 倍。价格高昂的香米怎么样？这两种营养素的含量竟比小站稻米更低。

所以，首先可以这么说，如果要用大米来熬粥，那么糙米比精白米好；如果可以接受其他粮食，那么加入小米、燕麦等其他杂粮，粥的营养价值将会大大提升。

第二，喝粥养生，能不能供应人体所有的营养素？答案是否定的。

刚才已经看到，只喝白米粥，营养价值是非常有限的，远远不足以供应人体一天所需的营养素。如果每天所需的 300 克粮食都从精白大米粥中摄入，其他东西又不吃，就算煮粥没有造成营养素的损失，那么维生素 B1 摄入量也只达到轻体力活动成年女性一日所需的 10%，铁只有 4.5%，蛋白质是 31%，维生素 C 和维生素 A 则是 0。也就是说，假如住院病人每天只喝粥，不吃其他食物，他所得到的营养素实在是少得可怜啊，连正常的身体维持水平都远远达不到，又怎么能够支撑疾病的康复呢？

所以，用粥作为主食来养生，前提是必须吃够粥以外的其他食物，把一日所需的营养素完全补足。即便是对那些快要饿死的人，在恢复胃肠功能的过程中，也不能长时间只吃粥这一种东西。喝大骨头汤怎样呢？很遗憾，它主要成分是脂肪，蛋白质是严重不足的，维生素和矿物质也远远不够。假如只能流食的话，除了糙米粥、小米粥之外，再配合牛奶、豆浆、酸奶、豆浆机打的芝麻燕麦米糊等，要比单喝大米粥加大骨头汤靠谱很多。

第三，古人喝粥养生，一是为了减少能量（热量、卡路里），避免肥胖，二是为了帮助消化，有利于减轻胃肠负担。胃病患者和做了胃部手术的人用粥替代干饭，确实比较容易消化。问题是，目前很大比例的现代人患有高血脂、糖尿病，他们是否还适宜喝白米粥呢？事实上，糖尿病人是不适合喝白米粥的，高血脂病人也未必适合。因为白米粥容易消化，它的餐后血糖反应非常高。而血糖反应高的食物，对于甘油三酯的升高也有促进作用。

因此，我不支持“三高”患者和肥胖者经常用白米粥代替米饭，除非能够保证有效削减一日总能量，并配合足够的蔬菜和富含蛋白质的食品，以保证降低血糖反应。

但各种杂粮粥并不在此列。实验证明，加入一半以上的淀粉豆类（芸豆、红小豆、绿豆、干扁豆等）之后，粥的餐后血糖反应水平就会大大下降，明显低于白米饭、白馒头。因此，推荐糖尿病、高血脂患者晚餐喝粥，但必须加入足够的豆类，并配合燕麦、大麦、糙米等血糖反应较低的食材。有研究证明，和精白主食相比，淀粉豆类的饱腹感较高，对于控制一日总食量可能有好的作用。

第四，首先必须明确一个概念，粥就是软烂的。袁枚说：“见米不见水，非粥也；见水不见米，非粥也，必使水米柔腻为一，然后方为粥。”也就是说，米和水分离，米为粒状，需要嚼烂才能咽下去，就不叫粥，而叫做泡饭。粥和泡饭，一个养胃，一个伤胃。

不过，煮烂只意味着容易消化吸收，并不意味着营养价值越高。煮得时间足够长，只能增加维生素 B1 的损失，而不可能凭空“产生”新的营养成分。在已经软烂之后，再继续煮下去，显然是不可能有什么额外好处的。

说到这里，总结一下有关粥的几个结论和建议：

（1）粥比泡饭好消化，但煮到“水米融洽”的软烂状态之后再继续煮下去，并无额外好处。

（2）白米粥虽然好消化，能减轻消化系统负担，但营养价值并不高。大米粥无法满足病人的营养需求，不能促进康复，必须配合多种其他食品。

（3）把精白米熬的大米粥换成糙米粥、紫米粥，或者加入各种杂粮，可以大大提高粥的营养价值。

（4）糖尿病人不适合喝白米粥，因为血糖反应太高。建议用淀粉豆类和各种杂粮混合煮粥，可以在降低血糖反应的同时，维持较高的饱腹感，有利于控制体重和血脂。

素食更要注意营养

近年来，城市居民中兴起了素食风潮。过去的素食者主要是害怕慢性疾病的中老年人，而在如今的白领女性当中，素食被当作一种时尚而健康的选择，还有很多人因为环保、信佛、许愿等原因，也加入素食者的队伍。

素食有两种，一种是吃鸡蛋牛奶的蛋奶素食，也有人吃蛋而不吃奶制品，或者吃奶制品而不吃蛋；另一种是完全不吃动物来源食物的纯素，蛋奶都不吃。

一项在55,459名瑞典健康女性中进行的调查表明，素食者的膳食总能量和蛋白质略低于肉食者，但总碳水化合物和膳食纤维显著增加，饱和脂肪显著降低。总体上看，素食者患高血压、心脏病的风险较低，肥胖的危险也比较小。与非素食者相比，甚至与蛋奶素食者相比，纯素食者平均血压和平均体重最低，糖尿病、心脏病等各种慢性病风险都是最小，肠癌、前列腺癌危险也最低。从血液流变学指标上看，红细胞的变形性也比较好，交感神经对心血管的调节能力也较强。由于大量摄入豆类、蔬菜、水果、奶制品和豆制品，营养均衡的素食者较肉食者的骨质疏松风险也比较小。

在一些营养成分和健康成分方面，素食者更有优势，比如钾、镁、钙、维生素C、膳食纤维，以及各种抗氧化物质。但素食并不必然是健康的饮食。只有尽量摄入天然形态的食品、降低加工食品的比例，烹调中控制油脂和糖、盐的量，不过量摄入糖分较高的水果、牛奶、酸奶，不以生的食物为主，素食才具有以上这些健康作用。

素食者最容易缺乏的营养素是铁、锌和维生素B12。这是因为，肉类、动物内脏和动物血是铁的最佳来源，而一般素食中的铁较难被人体吸收；锌在动物性食物当中比较丰富，而且吸收率高；维生素B12则只存在于动物性食品(包括蛋和奶)、菌类食品和发酵食品中，一般素食不含这种维生素。

蛋奶素食者由于摄入奶类，维生素B12缺乏危险不大，对铁的吸收率却偏低，要注意缺铁性贫血；纯素食者不仅贫血、缺锌的危险较大，而且维生素B12完全缺乏供应，维生素A和维生素D也几乎没有。

缺乏铁和维生素 B12，造血功能会发生异常，身体会变得衰弱。严重缺乏维生素 B12 会引起神经纤维变性，其相关症状包括精神不振、抑郁、记忆力下降、麻木感、神经质、偏执等，以及多种认知功能障碍，甚至增加阿尔茨海默病的危险，所以人们常常把维生素 B12 称为“营养神经”的维生素。与男性相比，妇女因每月月经来潮损失数十毫升的铁，膳食中要特别注意铁和维生素 B12 的供应。膳食中缺乏锌则会降低人体抵抗力和伤病的恢复能力，影响人的味觉功能，发生味觉减退甚至异常的问题。

在日常饮食中，素食者要尽量选择富含铁、钙、叶酸、维生素 B2 等营养素的蔬菜品种，绿叶蔬菜是其中的佼佼者，比如芥蓝、西兰花、苋菜、菠菜、小油菜、茼蒿等。要增加蛋白质的供应，菇类蔬菜和鲜豆类蔬菜都是上佳选择，如各种蘑菇、毛豆、鲜豌豆等。

此外，蛋奶素食者可以从奶类中获得钙质，补充蛋白质、B 族维生素和维生素 AD；纯素食者可以从豆腐中补钙，还可以从添加豆类的主食中获得蛋白质和 B 族维生素。有研究发现，发酵食品和菌类食品中的维生素 B12 利用率相当低，不足以完全预防铁、锌等微量营养素的缺乏，因此纯素食者一定要专门补充维生素 B12。

除了纯素食者，胃酸不足者特别是萎缩性胃炎患者、有明显消化吸收不良症状的患者，以及消化吸收功能下降的老年人也要注意专门补充维生素 B12 药片。在一些发达国家，食物中普遍进行了营养强化，专门为素食者配置的营养食品品种繁多，素食者罹患微量营养素缺乏的风险较小。我国的食品工业为素食者考虑很少，营养强化不普遍，因此素食者最好适量补充营养素。

要补充维生素 D，素食者还必须增加室外运动，经常照射阳光，靠紫外线作用于皮下组织的 7- 脱氢胆固醇，人体自行合成维生素 D。

4·4 给女性的饮食建议

1. 抗衰老

食品真能抗衰老吗？

朋友在餐桌上看到一道东坡肘子，马上笑着对我说：这道菜能美容啊！看到一道松仁玉米，又笑着对我说：这菜能抗衰老啊！

不知从什么时候开始，食品已经被人们贴上了种种标签，其中之一便是“抗衰老”。说起来，“抗衰老”的食品还真不少：花生、核桃、芝麻、胡萝卜、番茄、大豆、橄榄油、红薯、玉米、枸杞、乌鸡……但若要说出其中的道理，却又似乎有些混乱。

生活中引起人体衰老的原因很多，如饮食过度、运动不足、精神压力、睡眠不足、吸烟喝酒、环境污染，等等。只有切实消除加速衰老的问题根源，才可能带来延缓衰老的显著效果。所谓“抗衰老食品”，只是其中的补救方法之一。即便一些食物有抗衰老的作用，也要在促进营养平衡的基础上发挥作用。单纯吃那么几种所谓的“健康食品”，忽视了其他食品，并不能带来期望中的健康作用。

研究发现，世界上一些长寿地区的长寿老人有一个共同点：他们吃的是新鲜和天然形态的食物，很少吃高度加工的食品；他们从不暴饮暴食，从不大吃大喝，终年从事适度的体力活动，保持合适的体重。或许，这些行为才是抗衰老的真正秘诀所在。

从某种意义上说，只要是富含多种营养素和活性成分的天然食品，都在一定意义上具有“抗衰老”的作用。长寿老人们遵循了传统的生活方式和烹调方式，在膳食中均衡、适量地摄取了这些食品，因而能充分享受到天然食物所带来的健康效应。

大自然具有神奇的身心健康力量，30 岁以上的女子应当怎样获得自然赋予的抗衰老力量呢？

——补上充足的植物雌激素，延缓更年期的到来。大豆和大豆食品是植物雌激素的最佳来源，其中所含的大豆异黄酮不仅能预防更年期综合征，更能强化骨骼，提高皮肤的保水性和弹性。在大豆食品当中，又以全豆制作的食品最佳，如整粒大豆、豆粉、豆浆、豆豉、酸豆乳等，因为其中的大豆异黄酮基本上没有受到损失。在三餐当中，豆腐、豆腐干、豆皮、腐竹等豆制品也是大豆异黄酮的重要来源。

——补上充足的抗氧化物质，预防皮肤和身体组织的衰老。人体的衰老，往往开始于脂肪的氧化。天然食物中富含维生素 E、胡萝卜素、番茄红素、花青素、类黄酮等多种抗氧化物质，对于保持皮肤的青春极为重要，而且具有预防癌症和预防心血管疾病的保健作用。这些物质都很娇气，而且需要和其他食物因素配合作用，所以最好是直接吃天然食物，而不要依赖保健品。例如，绿叶蔬菜和橙黄色蔬菜当中富含胡萝卜素，番茄和西瓜中富含番茄红素，紫米、黑米、红豆、黑豆、葡萄、蓝莓等富含花青素，山楂、大枣、茄子、柑橘等食品富含类黄酮，坚果和粗粮中富含维生素 E。

——补上充足的钙，维持挺拔的身姿。女性比男性更容易受到骨质疏松的威胁，因此在膳食中必须供应充足的钙，加上维生素 D。酸奶、牛奶和奶酪是膳食钙的最佳来源，不仅含量丰富，而且吸收率高，其中还含有多种有益女性健康的成分。其中最值得推荐的是酸奶，因为其中所含的活乳酸菌能够调理肠道机能，改善营养吸收，提高人体免疫力，对预防衰老最为有益。此外，豆腐等豆制品也是钙的好来源，还能提供充足的植物蛋白。

——补上充足的铁和锌，保证红润的容颜。青春的肌肤需要充足的氧气和养分供应，而血红蛋白中的铁对于运输氧气至关重要，如果发生贫血，则皮肤干枯、缺乏弹性。一些女性因为害怕肥胖不肯吃肉，又不注意补充植物性铁，发生贫血的风险很大。锌则是细胞再生和修复所必需的营养素，缺乏锌则皮肤创伤无法愈合，细胞更新减慢。如果不能每天吃到 100 克左右的瘦肉和鱼，最好能吃一把坚果类食品，以补充铁和锌，同时还能增加维生素 E。

——补上足够的维生素，让身体充满活力。在抗衰老的过程中，维生素发挥着重要的作用。例如，维生素 C 是皮肤胶原蛋白合成的必要因子，维生素 A 是表皮细胞正常分化的关键因素，维生素 B 族则在新陈代谢中起着调节作用。最近发现，维生素 K 能预防骨质疏松，维生素 D 则有助于预防肥胖。要想得到充足的维生素，最好的方式就是吃营养平衡的膳食。

——补上足够的膳食纤维，将毒素废物及时清除。不溶性纤维能促进肠道蠕动，预防便秘，可溶性纤维能与脂肪和胆固醇结合，从而减少高血脂、脂肪肝的发生危险。此外，膳食纤维还是预防糖尿病发生的关键因素，因为它能提高饱腹感，预防血糖突然升高。多吃蔬菜和粗粮可以获得不溶性纤维，可溶性纤维则主要存在于海藻、蘑菇、豆类和某些水果当中。

——补上足够的蛋白质，让身体组织及时修复。如果三餐中都没有鱼肉类，就要吃些豆类、奶类和蛋类作为弥补，不能长时间以蔬菜水果充饥。此外，还应经常吃一些有益女性身心的传统保健食物，如乌鸡、甲鱼、红枣、小米、黑米、桂圆、枸杞、莲子、黑芝麻等等。

——补上足够的运动，控制食物总热量，维持健康的体重。美国科学家研究发现，运动和控制体重可以抵消更年期带来的不利影响。他们建议，女性在 30 岁之后，每周要做消耗 1,000 千卡的运动，大约相当于慢跑 3 小时，或跳操 4 小时，或远足 5 小时。我国运动专家推荐每周健身 3 次，用有氧运动消耗脂肪，加上改善体形的健美运动。同时，饮食控制在七成饱，适当减少脂肪，远离甜食甜饮料。

2. 减肥

为什么提倡“慢慢减肥”？

据统计，人类至今为止尝试过的减肥方法达2万多种，但其中95%被证明是无效的，很大一部分还危害健康。

高饱腹慢消化减肥法是一种健康的减肥方法，以营养供应充足、不饥饿、可持续为特点。食材要丰富多样，但必须是高营养素密度、低血糖反应、高饱腹感的天然食物，主要途径是减少精米白面及其制品，不吃甜食，多用粗粮和豆类当主食，适当配合肉类和奶类。这种方法对于只是稍微有点胖的人来说，配合每天半小时的运动，每个月只能减掉3斤左右的体重。

减肥的人总是求快，恨不得第二天起来就是魔鬼身材。但我心目中最理想的减肥速度，就是一个月减3斤。每周0.5公斤的速度，也是国际上很多专家所推荐的目标。每月减3斤，身体没有什么不愉快的感觉，可以长期坚持下去。不要小看3斤，如果能坚持半年，就能减掉18斤，在外形上简直就是大变活人。

这种减肥方法的好处一：慢慢减肥不伤身体。缓慢的减肥速度，不需要大幅度减少食量，而且采用慢消化减肥法可以保证营养素得到充分供应，完全不伤身体，不损活力。因为体重变化速度慢，身体的各个器官都能很好地适应，来得及调整，不会产生应激反应。很多人可能听说过“定点”(set point)理论，即人体习惯于某个体重，就会自动维持这个体重而不愿改变。慢慢减肥不会让身体产生这种“逆反”。

好处二：慢慢减肥能保护皮肤。随着年龄的增长，皮肤越来越禁不起折腾，一不小心就会长皱纹。一切极端措施都是非常损害皮肤健康的。千万不要以为皮肤是橡皮筋，可以撑起来又缩回去。快速减肥就算是让人瘦下去了，但皮肤不能那么快地收缩，年龄增大更会使皮肤弹性下降，对快速减肥更为敏感，减肥－反弹来回折腾几次，皮肤就会明显老化。每月瘦3

斤的速度可以让皮肤自然地收缩，不会出皱纹。同时，因为营养充足，脸色也不会像快速减肥那样变得面有菜色或苍白憔悴。

好处三：慢慢减肥不会影响生活质量。不会饿得前胸贴后背，也可以不拒绝一切社交。可以偶尔和朋友外出聚餐，平日也能和家人一起正常吃饭。拒绝人际交往的情感代价很大，心理压力也很大。饥饿减肥还会遭到家人的激烈反对，甚至男朋友也坚决反对，也可能会被同事们视为另类，慢消化减肥却不会。甚至，由于家人有机会跟你一起吃健康清淡的饮食，全家人的饮食品质都能一起得到改善。

好处四：慢慢减肥可以让你在过程中养成好的习惯。极端减肥的方法很少有人能坚持几年，更不要说坚持一生了。因为采取的是极端措施，你会认为这是一个特殊时期，容易产生特殊时期特殊对待的心态，过后还是会回到原来的生活轨道上。慢慢减肥 6 个月后，你通过减肥能养成更健康的生活习惯，而且这种习惯让你感觉越来越良好，你很可能就会愿意继续保持下去。一旦养成了好的习惯，你就克服了肥胖的根本原因，这样才能长期地保持健康和美丽。

日本早在几年前就推出了“低血糖反应减肥”的方法，给健康减肥者设计了不少简便易行的食谱。看看下面这个经笔者改良的三餐搭配，是不是简单、漂亮又有胃口？

> 早餐：烤全麦面包 1 片 + 嫩煎蛋 1 个（加几滴酱油、少许胡椒）+ 木瓜块 1 杯 + 牛奶半杯
>
> 午餐：红豆、粳米、豆干、碎葱花炒饭多半碗 + 芝麻碎拌菠菜 1 盘 + 萝卜海带海米汤 1 碗
>
> 晚餐：洋葱、蘑菇、番茄酱意大利面半盘 + 西兰花、生菜、火腿沙拉半盘

除了调整饮食，运动也很重要。

我们的皮肤和皮下脂肪是靠肌肉“撑”住的。充实的肌肉，加薄薄一层皮下脂肪，能让女性显得线条柔美而流畅，充满美感。肌肉充实的女人，

即便皮下脂肪较多，比如跳肚皮舞的演员，腹部微微凸起，但身体丰满而紧致，也能呈现美丽迷人的女性曲线。

如果没有了肌肉的支持呢？皮肤和皮下脂肪就会松松地挂在骨头上，出现“走路大腿就晃荡”、“上臂自带蝴蝶袖”、“腰部围个游泳圈”、“胸罩勒出大深沟”、“臀线松懈变斜坡”等“肥而松”的悲催状态。

随着年龄的增长，人体的肌肉日益容易萎缩，而肌肉萎缩的“骨感”状态会让人脸部松弛，更显衰老，同时还会皱纹早生，所以30岁之后的女子绝对不能走上饥饿减肥这条加快衰老的歧途。人的衰老过程不可避免，但可以通过运动来大大延缓。人过30，身体状况如同逆水行舟，不进则退。要保持体形，就要更加倍地努力，通过运动来维持身体的紧致状态。

所以，真正的减肥还要减少脂肪比例、增加肌肉比例。不管称出来是多少斤，只要看起来紧致苗条，不就达到目标了么？而且一般的运动量根本不可能产生大肌肉块，哪怕是每日做30个俯卧撑，也完全不必恐惧变成“肌肉女”。

控制体重是一项终身事业，对自己的身体，绝对不能搞短期行为。只有养成良好的饮食和运动习惯，才能一生一世保持苗条的身材和充沛的活力。否则呢……早晚会听到身体的抱怨，甚至付出沉重代价。

资料来源：Cara B. Ebbeling et al. *JAMA*. 2007. 297:2092—2102.

@ 范志红_原创营养信息

虽然年轻时肥胖肯定会增加后半生的多种慢性病风险，但年轻时太瘦也未必好。如果从青春期到25岁都处于营养不良导致的低体重状态，不仅当时容易发生贫血缺锌状况，也可能增加以后患糖尿病、脑血管病和骨质疏松的危险。热衷于骨感的年轻人要小心了，人生之路还很长，不能搞短期行为啊。

姿态比体重更要紧。年轻女孩大部分只追求瘦身，却很少注意自己的鸭子步、八字脚、微驼的背、撅起的腹部，塌下的肩腰。如果改善姿态，每个女孩都可以在几秒钟内显得高2厘米、瘦5斤，并且不用饿肚子，还完全不会反弹。习惯了优美挺拔的姿态，不仅增加绰约风采，还有益于预防肥胖。但如果腰背胸腹的肌肉力量太差、肌肉萎缩，连站直坐直都坚持不了十几分钟，哪还有力气呈现什么优美的姿态呢？

3. 保养皮肤

美丽来自好肠胃

夏天一到，很多人的肠胃就会被折磨得疲惫不堪、食欲不振。除了减肥节食的考验，还有饮料、冷饮、瓜果、零食的折腾。有的人吃点东西就胃胀不消化，还硬要说自己节食减肥就要把胃缩小。如果真的关心自己的美丽分数，建议女士们还是好好关爱自己的胃肠，千万不要故意给它添堵——因为如果那样做的话，美丽减分会是必然结果。

胃肠的意义，绝不仅限于容纳食物。饮食的意义，也绝不仅仅是饱腹和满足口福。人的身体就像一架精密的机器，它要添加的燃料和润滑油，它更新配件所需的各种原料，都来自食物当中。如果三餐食物吃进去，却不能被身体充分吸收利用，或者吸收的营养成分比例失调，那么后果是可以想见的——身体机器运转效率低下，顾此失彼，频出故障。表现在脸上，就是脸色灰黄，斑痘丛生，粗糙干涩。

研究还发现，如果胃肠功能太差，人体没有办法充分消化食物，就会有一些没有充分消化的食物片段产生。同时，由于身体代谢机能低下，肠道细胞不能及时修复更新，就有可能把没有充分消化的片段“漏”到血液里面去。这些不该进入血液的片段会引起免疫反应，造成身体的种种不适，从头疼到湿疹，从鼻子咽喉黏液堵塞到莫名其妙的发胖……这都有可能是所谓的“慢性食物过敏”症状。

怎样才能让肠胃正常呢？对于消化功能低下的人来说，除了及时治疗、尽量不喝酒、避免冷饮冷食、避免过度刺激的辣椒等调味品、少吃伤害消化系统的药物之外，还要消除不利于消化吸收的各种不良习惯。

专心用餐。在高度紧张的时候，人们常常会吃不下饭，严重的甚至会胃疼。工作紧张时最容易发生消化不良和溃疡病，因为交感神经长期过度兴奋就会抑制植物性神经系统的活动，包括消化吸收功能。所以，无论怎么忙，都不能一边看电脑一边吃东西，不要在饭桌上谈工作，更不要在饭桌上教训孩子。要放下工作，忘记烦恼，放松心情，专心吃饭。

细嚼慢咽。这个说法人人知道，做到的却寥寥无几。对于那些胃肠消化功能较弱的人来说，细嚼慢咽尤其重要。如果牙齿不能认真完成它的本职工作，唾液也不能充分帮忙，那么胃就会被迫加班工作，把大颗粒的食物进一步揉碎成足够柔软的食糜。靠一个柔软的器官来揉碎食物，多么辛苦啊！如果食物不够碎，就不容易被小肠里的各种消化酶所消化。这样小肠也势必要更辛苦地工作……所以，最简单的方式就是尽量嚼烂嚼碎，不仅有利消化，还能帮助控制食量。

按时吃饭。胃肠喜欢有规律的工作，到点就会分泌消化液。如果经常到点而不吃，非常容易造成消化不良或烧心反酸的后果。经常一顿饥一顿饱毫无规律，胃就会失去判断饱饿的能力，无法控制食欲。千万不要以减肥为借口忽略一餐。如果真要通过少吃的方法来控制体重，建议仍然按时吃三餐，只减少主食和动物性食物的量，把油多的菜换成少油的菜，但蔬菜水果的量只加不减，还要多喝汤水来增加进食的“体积”感觉。

备好加餐。如果因为工作繁忙，确实不能及时用餐，那么一定要准备好“备荒食物”，比如水果、酸奶、坚果，哪怕是不那么健康的饼干（尽量选脂肪偏低、不过甜的）也比什么都不吃好。记得加餐的时间非常之关键，一定要在饿得前胸贴后背之前吃这些食物。如果知道自己6点会饿，就在5点钟喝杯酸奶，能把饥饿时间推迟一小时；然后6点再吃个香蕉或苹果，又能把饥饿推迟一小时。这样，等8点完成工作时，胃里仍然不觉得太饿，再放松地喝碗杂粮粥，吃盘清爽的蔬菜，晚上就能舒舒服服地按时休息了。

把觉睡好。无论压力多大，都要按时睡觉，睡前半小时要放松心情，忘记休息以外的其他事情。把8小时觉睡好，身体就有足够的时间和精力来做好内部的修复工作，胃肠细胞3～4天就要更新，所以可以推测，胃肠的修复对睡眠情况非常敏感。很多人都有这种经验，一旦睡眠不足，或者睡眠质量低下，消化功能就容易下降，不是食欲不振，就是胃部胀满，要么是肠道不畅通……

少吃坏油。很多饮食店中反复加热的油，对胃肠十分有害，研究证明这种油与肠道慢性炎症和肠易激综合征等消化系统慢性疾病有所关联。所以，胃肠不好的人更要节制自己的不良嗜好，不要吃煎炸熏烤，不要吃那些口感黏腻的炒菜，以及各种不知放了什么油的小摊面点。烹调方法尽量采用蒸、煮、炖等，不要过于担心加热到软会破坏营养素，因为即便损失一点维生素，也比吃了不消化要好。维生素可以用丰富食物品种的方法来弥补。

食物柔软。胃肠负担最小的食物是富含淀粉、各种抗营养因素又比较少的细腻食物，比如山药泥、芋头泥、土豆泥、大米粥、小米粥等。渣子太多的老玉米不适合消化不良者。但这绝不意味着胃肠不好的人只能吃精米白面，因为它们的营养价值太低，从长期来看并不利于胃肠机能的提高。对于那些不太好煮但营养价值高的食物，可以用打浆、打粉、煮烂等方式来减少胃肠的消化负担，保证其中丰富的营养成分能更好地被人体吸收。比如用豆浆机把糙米、黑米、红小豆、燕麦、芝麻、坚果仁等富含 B 族维生素和多种矿物质的食材打成浆每天喝，比打浆之前容易消化吸收，胃肠就会感觉很舒服。

轻松运动。饭后散步或做点轻松的家务，对于消化不良者是个好习惯。刚吃完饭并不适合剧烈运动，不适合快走，但不意味着连慢悠悠的散步也不可以。出门散步的好处，很大程度上在于让人精神放松。如果不散步，可能会看电视、看电脑、看杂志等，这种脑力活动不利于消化吸收。饭后两小时过后，可以做些不太累的运动，快走、慢跑、跳操、瑜伽等都可以。适度的运动有利于改善血液循环，对消化吸收能力也有帮助。

如果肠胃的问题比较严重，建议及时去医院寻求治疗，同时还可以根据医生或保健师的建议吃一些助消化的非处方药物，比如消化酶类、益生菌类、维生素和微量元素等。无论什么情况，都要记得胃肠功能靠养护。即便吃药暂时好转，如果不能改变错误的生活习惯，早晚都会再次恶化。

等到慢慢把胃肠养好，照照镜子就会看到自己的变化：脸色亮了，从内而外透出红润，皮肤细腻了，斑痘也少了。这些美丽效果，是用什么护肤品也得不到的呢！

第五章　走出饮食误区

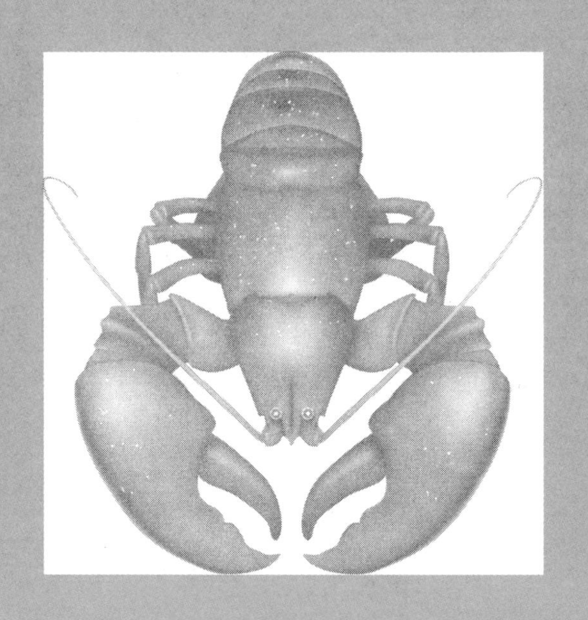

5.1 不要被传言蛊惑

“搭配宜忌”是怎么来的?

只要看看报刊杂志，或者翻翻网页，总会发现极多的“搭配宜忌”。它们不厌其烦地告诉读者，A食品和B食品是绝配，B食品和C食品相克……

事实真是那样吗？所谓的宜忌有什么理由？

举个例子，有人说“豆浆不能冲鸡蛋”，甚至说“豆浆不能和鸡蛋一起吃”，却没有告诉大家，生豆浆当中含有妨碍蛋白质消化的胰蛋白酶抑制剂，以及有毒物质凝集素，必须煮沸8分钟以上，方能保证营养和安全性。没有煮透的豆浆，不仅不能和鸡蛋牛奶之类一起吃，本身就不安全！而如果已经煮透，和鸡蛋牛奶同吃没有任何问题。

其实，很多禁忌说法是把大的道理变成特例，甚至由此引申出不应有的结论。有些“宜忌”说法则表现出对研究信息和科学道理的不恰当解读。这些禁忌说法有的以偏概全，有的夸大其词，有的缩小范围，往往引导人们把目光集中在一些细枝末节的特例上，令人们在厨房里战战兢兢，如履薄冰，却漠视饮食中那些最要紧的健康原则。这种状况，徒然增加人们的精神负担，对改善大众的饮食质量益处甚少。

为什么媒体喜欢制造出许许多多的“宜忌”？早几年，曾有几家媒体向我约稿：给我们谈谈什么和什么不能一起吃吧，读者就喜欢看这种文章。我回答说：很抱歉，我反对这种绝对的宜忌提法。如今几年过去，真正的营养安全原则还是少有人传播，各种饮食禁忌却频频登上台历、挂历、卡片，受到追捧和传播。这种不正常的现象，我们是否应当反思一下了？

除了食物禁忌，近年来也有很多食物绝配的说法。这些说法有些有点道理，但也有夸大的成分；还有一些则存在解释错误的问题。这里把一些常见例子分析一下。

良配1：鱼和豆腐一起吃最有利于补钙

这个说法来自于维生素D和钙的配合。传统制作的豆腐是钙的好来源，但豆腐中没有维生素D。鱼类的脂肪当中含有少量维生素D，而维生素D有利于钙的吸收，所以编出这个搭配。

鱼和豆腐一起吃很好，但不这么吃的话，豆腐中的钙也未必不吸收，因为人体内的肝脏中储备有维生素D，牛奶、鸡蛋黄中也含有维生素D。如此，是不是也要说，牛奶和豆腐一起吃、鸡蛋和豆腐一起吃最好呢？晒太阳帮助人体合成维生素D，那么是不是该说，吃豆腐之前应当晒晒太阳呢？

良配2：羊肉配生姜，冬天最滋补

同样是羊肉，配清凉的萝卜，配大热的生姜，都被说成绝配，事情是不是有点奇怪？其实，健康的事情就是这样，对不同的人有不同的说法。

冬天天冷，很多人身体怕冷，四肢不温，人们常会建议他们吃些羊肉。对于这些人来说，仅仅吃羊肉，发热的效力还不够，如果加点生姜，效果就更好了。对于一些瘦弱、贫血、怕冷的女性来说，冬天经常这么吃是有利于健康的。不过，对于那些高血脂、高血压、满面红光、身体燥热的人来说，就没有什么好处了。吃羊肉加白萝卜对他们更合适一些，而且最好少点羊肉，多点白萝卜。

我在网上查了一下“食物相宜”这几个字，结果令人吃惊，原来“相宜”的食物居然有数百种之多，理由林林总总，很多都让人莫名其妙。

我们有必要完全记住这些搭配吗？天然的食物各有其健康作用，只要总体上合理搭配，就能保持营养平衡。最要紧的是了解自己的体质和营养状况，针对自己的不足进行补充，针对体质的偏颇进行调整，以达到更好的健康状态。对某些人是“良配”的食物，对另一些人未必如此。至于一些生拉硬扯、理由牵强的“良配”，更不必太过拘泥。

这些问题纯属是被那些饮食宜忌的书给闹的。中医专家、营养专家、卫生专家的种种解释和澄清，哪里敌得过超市里和地摊上热卖的饮食禁忌书制造谣言的传播速度？这些书大部分都找不到作者是谁，连编者是谁都不一定找得着，纯属某些人“篡”出来的东西。要说这年头出本书也真容易，随便网上一搜，就能找到无穷多的资源，贴在一起，弄个书号，开机印刷就好了。这种粗制滥造的东西，谁还能指望它内容可靠，科学严谨。只要效益高，它什么都敢印上去。

我真希望，在两会上，代表们能提一提健康信息的真实保障和监管机制问题，可惜没人说一句话；我也希望，“3.15”晚会能打击一下这些公开制造谣言、传播错误信息的出版社，可惜也没有相关内容。现在的国家法律，似乎都管不到这类行为。

想起王兴国老师说的一段话：当年在学校时，老师并没有把很多最重要的营养问题教给我们，工作多年后才自己悟出来。比如说，膳食结构的问题。只要你的食物整体结构是合理的，就找到了健康饮食的正确方向。具体吃这一种或那一种不是最要紧的事情。如果整体结构都不合理，各类食物的比例都错了，那么，再重视细节，也会与健康的目标南辕北辙。

我说，对极了。问题是，一些人不懂得把握膳食的整体方向，框架都错了，却一头扎进繁琐的细节当中，被各种禁忌闹得头昏脑涨，结果精力没少花费，却永远走不出饮食的误区。

如何把握膳食的整体方向？问问自己以下问题：

——你的饮食当中，各类食物的数量比例和膳食宝塔的推荐一致吗？

——你吃的食物，是以新鲜天然食物为主，还是以加工食品、方便食品为主？

——你的食物原料是否多样化？类别齐全吗？粗粮豆类都有吗？

——如果没吃到某个大类的食品，比如从来不吃肉，用营养价值类似的其他食物替代了吗？

——每天吃一斤蔬菜、半斤水果的目标能达到吗？绿叶蔬菜吃了吗？

——你的食物烹调当中，油和盐是否太多？

——你在营养上的主要问题是什么？是瘦弱型还是超重型？

——你是否有消化不良或过敏、不耐受问题需要照顾？

对个人健康而言，解决这些主要问题，与关注什么食物宜忌之类问题相比，要重要得多。

@范志红_原创营养信息

【判断健康说法的可靠性】在相信一个有关营养健康的说法之前，先要问几个问题：谁说的？是否权威机构的发布？有人为它负责吗？符合常识和常理吗？是否特别吸引眼球？逻辑推理站得住脚吗？谁会从这个说法中受益，有无商业利益在其中？（几年前看过的某英文营养专著所载内容）

“食疗”的五大可怕误区

在食疗的问题上，有几个可怕的误区蒙住了人们的眼睛。如果不把这些根本的误区弄清楚，恐怕以后再有“食疗大师”出山，还会有无数人为“食疗”付出代价。

误区一：药食同源，所以食物都可以治慢性病

食物、保健品和药物的根本区别，就在于它们的“效力”不一样。

食物性质平和，其中含药性成分少，这样才可以作为食物日常食用。如果一种食品吃几天就让人感觉血脂、血压明显变化，这种东西能成年累月吃吗？敢随便多吃吗？事实上，越是“效用”明显的食物，越是要小心对待，不能过量，不能吃错了体质。而米、面、青菜、苹果这样的食品人人都能吃，正是因为它们性质平和，没有那么强的“生理调节”作用。所谓饮食养生改善体质，通常都是长期食用才会明显见效，而很少是三天两天就有明显效果。

保健品往往是食物中各种营养成分和药性成分的浓缩产品，它改变人体功能的“效力”就会强一些，而且不能受到其他食物成分的制约。用对了固然有利于健康，一旦用错，就可能“跑偏”而带来副作用。比如豆腐含大豆异黄酮，但它男女老少皆宜，大豆异黄酮胶囊就不一样了，孩子和男人绝对不能随便吃，即便中老年妇女也不是人人适合。

药品则效用更强，改变人体代谢的能力更强，而且它们的意义就在于短期见效。吃一周两周都不见效，它就失去了存在的价值。所以，吃错药、吃错剂量都是一件可怕的事情。

经常有人问我：我吃中药西药都治不好，你说说吃什么食品能治好？这种期待，本身就是错误的。因为普通食物没有那么强的效用，除非长期调养。这里不是否定食物调整能改善很多疾病，而是想说，饮食养生是长期的功夫，可是浮躁的现代人恐怕已经等不了一两个月的时间，不要说终生的养生了。

误区二：只要是食疗就安全无毒

很多人热衷于“食疗”的原因，就是因为觉得食物安全，心理上好接受。

其实，那些所谓“药食两用”的食物之所以有治疗效果，正是因为其中含有较多的药效成分。无论是食物还是药物，只要其中的药效成分多到一定水平，就有毒性。毒理学的基本原理就是：剂量决定毒性。

食物在正常量的时候是安全的，但吃得足够多，其中的药效成分达到一定水平，就变成了药物。比如说，每天喝 2 两绿豆煮的汤属于正常食物；但喝 3 斤绿豆煮的水，就变成了药物，因为是正常浓度的 15 倍。又比如说，烟酸和烟酰胺本来是一种 B 族维生素，正常每天吃十几毫克，但如果作为控制血脂的治疗药物，就是论几克来吃的，数量是膳食正常量的几十倍，这时候它就有明显的副作用了。即便是水，喝得足够多也会导致死亡。

所以，只要是食疗就安全无毒的说法并不成立。

误区三：什么人都可以用同样的食疗方子

很多自封的专家都喜欢冒充中医，大谈传统养生和食疗。其实，真正的中医都是要辨别体质之后才下药的，而且药物配伍也要非常仔细地调匀寒热，而绝不可能像“大师”们那样给所有的人都开一类方子。仅就这一点，已经足以判断他们不是有资质的中医。

从营养学角度来说，也是要辨别不同人的生理状况和营养状况，按照每个人的个体情况来安排食谱。有些人应少吃红肉，有些人则适宜多吃红肉。有些人适宜多吃燕麦，有些人则不适宜多吃。如果一个营养师给什么人都推荐同样的食谱，那只能说，他不是个合格的营养师。

误区四：营养学就是食疗的学问

由于国民对营养学了解甚少，很多人以为营养学就是食疗的学问。我有一次去深圳做讲座，明明主题是“科学饮食”，结果去了才发现，人家嫌这个题目不吸引人，擅自给改成“话说食疗”。我说，营养不是食疗，更不是偏方治病的学问。

食疗是我国传统疗法之一，形式为饮食，但并不拒绝加入各种药材。从食疗的书籍来看，很多都是添加中药材的，至少也要用药食两用的食材。至于鸡汤或大米之类，主要是作为载体来使用的。国内外开的食疗餐厅，也都要加入各种中药材来起作用。不吃任何药材，完全靠长期日常饮食来改善疾病的做法，虽然在国内外都很提倡，但见效时间通常会长一些，已经不是人们所期待的那种快速见效的食疗了。

营养属于预防医学，它主要关心的是如何通过平衡的营养成分和保健成分来维持健康，并减少患各种疾病的风险。营养学也关心如何通过饮食和生活调整来控制慢性疾病，比如控制血糖、血脂等，如果做得好，长期来说有可能逆转疾病指标，减少药物用量甚至停药。但这种饮食调整都不是依赖一两种食品的，和偏方治病完全不是一回事。

误区五：慢性病可以用偏方治愈

按西医的说法，慢性病都是多因素疾病，而且终生无法治愈。这话显得很客观，但听起来不太爽，远远不如一个偏方就能搞定的说法那么让人心情愉快。所以，一旦听说什么药能根治糖尿病，有人永远会追捧，赶着去上当受骗，尽管内行一听就知道是骗子的话。

饮食也一样。糖尿病也好，高血脂也好，在很大程度上的确是吃出来的，也的确可以用饮食的方法令其明显改善，不过这和偏方治病完全不是一回事。那些吃出来的病，比如糖尿病、脂肪肝等，毫无例外都是“冰冻三尺非一日之寒”，是长期营养失调的结果，怎么可能指望用一种食物十天八天就治好呢？要想解决问题，当然是要全面改变饮食习惯，平衡营养，增加运动，调整起居，消除病因。只要能坚持健康生活，这些吃出来的病自然会逐步改善。

问题是，如今人们的心态都很浮躁。不愿意坚持服药，也不肯调整饮食、坚持运动，更不想坚持健身，总是梦想一种食物把什么都搞定。“大师”说了，只要吃了生茄子，天天吃几个猪蹄子也没问题。这话多顺耳、多令人兴奋啊！相比之下，营养专家说，要控制油脂，控制肉类，多吃蔬菜水果和粗粮豆类——这些话显然听起来缺乏吸引力。也难怪营养咨询业在我国至今没有任何地位，靠营养咨询也很难谋生。

看看那些你方唱罢我登场的减肥产品，只要说“不需要节食也不需要运动”，肯定会大受欢迎。但是，不管住嘴，也不迈开腿，减肥的成果能坚持吗？一辈子吃减肥药可能吗？这些用脚后跟思考都能明白的道理，在商家富有诱惑力的忽悠之下，就被消费者完全忽略了。

如果国民能多一些“健商”，少一些浮躁，能够把2,000块的挂号费用在营养咨询上，让有专业知识的营养专家来提供饮食建议，切实改善自己的日常三餐，控制血压、血脂和血糖就会容易得多，吃出来的病就能真正地吃回去，而不是吃出新的病来。

转基因食品的4个认识误区

笑颜朋友问：前几天同事说，像小西红柿、小乳瓜、小南瓜等，都是转基因食品，应该尽量少食用。虽然目前可能没有实验证明这些食品对人体不利，但这些转基因食品和一般的食品不同。比如小西红柿洗了后，放上一个礼拜都不会腐烂，但普通的西红柿却不然，这说明连微生物或菌类都不吃这些转基因食品，所以我们应该少吃。这种观点对吗？到底有哪些食品是我们不知道的转基因食品？

尽管我本人不是食品安全专家，更不是转基因食品专家，但被问得多了，也觉得有必要统一回答一下这类问题。朋友们忧虑转基因食品是合情合理的，但遗憾的是，他们对于转基因食品的认识，都存在极大的误区。

误区一：以为样子不像正常品种的蔬菜水果就是转基因产品

现在市面上蔬菜水果品种繁多，有小个子的番茄和黄瓜，也有大个子的青椒和草莓，但这些都不是转基因产品。所谓转基因产品，是用人工方法，把其他生物的基因转移到农作物中来。至于在不同品种之间进行杂交，或者用各种条件来促进植物发生变异，都不是转基因。

其实，天然植物本来就是形状多样的。同样一种东西，个头有大有小，色彩五颜六色。人们只看到一种大小、一种颜色的产品，只是因为人类普遍种植这个品种而已。只要将各种番茄品种互相杂交，就能育出深红色、粉红色、黄色、绿色等不同颜色，以及不同大小的番茄来。这是很正常的事情，和转基因完全不挨边。就好比人有不同种族，不同种族通婚之后，就会生出鼻梁高度、嘴形、眼睛和头发颜色、个头高矮等发生变化的混血儿来一样。也就是说，传统育种方法只是在不同品种之间转移基因，就像不同种族的人结合后生孩子，或者人受到某种外界刺激发生了变异，归根到底还是人类自己的基因。而转基因产品呢，好比把其他生物的基因转移到人身上，让人身上拥有某种花的基因，或者某种细菌的基因，这显然是完全不同的概念。

目前，我国市场上的转基因蔬菜水果还不多，常见的只有番木瓜、甜椒、西红柿、土豆等可能是转基因产品。小番茄和紫薯却不是转基因产品。

实际上，转基因的产品往往看起来很正常，不能用颜色和大小来判断蔬果是否是转基因食品，而用传统育种方法得到的品种，倒是可能带有五颜六色的外观，比如甘薯天然就有白色、黄色、橙色、紫色的品种，而豆子的种皮天生就有各种颜色和花纹。

误区二：以为水果蔬菜不容易坏就是转基因产品

一个南瓜或一个番茄能放一周，这实在不是一件稀罕的事情。蔬菜水果都有自己的保存条件，只要按条件储藏，就能保存很久。比如苹果可以在冷藏库里存 12 个月之久，这和基因没有丝毫关系，只不过是人们想办法让它进入“冬眠”状态，降低它的呼吸作用和衰老进程而已。即便不放在冷库里，很多蔬菜水果都能在阴凉处存一周以上，比如夏天的西瓜在切开之前能放半个月以上，完整的洋葱、胡萝卜、没有过熟的番茄等，在家里放一周也没问题。

的确有“转基因”的番茄不容易成熟，不过它可不是放一周的问题，而是根本不会自己成熟。因为人们想办法去掉了它启动衰老成熟的“开关”，这样，它就会一直保持青涩状态，除非用外用催熟剂来处理，才能变成红色，变成可食状态。目前我国市场上销售的生鲜番茄中，还没有这种产品。

误区三：以为加工食品中没有转基因产品

我在博文中反复强调，加工产品都是来自于农产品原料的。原料中的各种营养成分也好，污染成分也好，转基因成分也好，都会进入到加工食品当中。然而，人们通常都只盯着农产品原材料，特别是新鲜蔬菜水果，总是担心它有农药、有污染、有转基因成分。事实正好相反——我国市场上的转基因成分，主要存在于加工产品中，特别是使用美国进口原料的加工产品。

美国是全球最大的转基因食品生产国。它所产的大豆油 90% 以上是转基因产品，还有菜花油（基因改良过的菜籽油）、马铃薯、小麦、玉米等，都是大宗转基因产品。同时，美国也是豆油、小麦、玉米和马铃薯的出口大国，只要买它的转基因农产品，就自然引入了转基因成分。消费者没有看到农产品原料本身，往往就“眼不见心不烦”，忽略了其中的转基因成分。

美式快餐店里的薯条，用的大都是转基因的马铃薯；它们制作点心用的油脂，大部分是转基因大豆油，或者经过氢化处理的转基因大豆油；它们制作汉堡和热狗用的面粉，也很可能是转基因小麦制成的面粉。你吃到的各种美味饼干和曲奇，有可能也用了转基因油脂、转基因面粉、转基因玉米粉等。越是国外产品，这种可能性就越大。

还有一个让转基因食品进入千家万户的途径，就是市场上销售的“调和油”和大豆油。便宜的调和油当中，往往会有很大比例的美国产转基因大豆油。由于这种油价格比国产豆油更为低廉，它已经深入到所有餐馆和市民家中。仔细看看包装上的说明，如果没有声明不是用转基因大豆制成的，就很可能是进口转基因大豆制成的油脂产品。

误区四：以为转基因食品吃了就会引起明显的健康危险

20 年来的研究证实，转基因食品对人并没有明显毒性，人们不必把它视作洪水猛兽。虽然有转基因食品食用后对肠道菌群产生影响等一部分负面报道，但被主流认可的研究报告中，没有发现批准市售的转基因农产品在实验动物中引起严重的健康后果。

然而，从生态环境的角度来说，它对环境的潜在威胁是环境保护主义者最为关注的。这个方面的影响，很可能要过几十年甚至更长时间才能充分表现出来，而那时候或许就没什么办法来恢复了。所以，全世界环保人士都坚决反对发展转基因食品。他们认为，转基因食品对营养品质和安全品质都没有任何好的影响，也不能消除饥饿和营养不良，却会威胁环境，为何要发展它呢？但农业专家们却认为，转基因食品提供了一种可能性，让人们能够得到更廉价更高产的食物，同时还有可能通过转基因技术，让食物成分更符合人类的需要，这个优势是不可忽视的。转基因本身只是个技术，它并没有什么好坏之分。只要在产品上市之前做好安全性评价，把好关，避免引入不利健康的成分，就可以放心发展转基因农产品。

美国是世界第一大转基因食品生产国，而欧盟不许可其生产和销售。

我国对转基因食品持宽容态度，但同时立法规定，如果产品中含有转基因成分，应当在包装上加以注明，让消费者拥有知情权。实际上，这个法规并不可能覆盖所有食品配料，因为很多含有转基因产品配料的加工食品，比如饼干点心之类，根本就没有注明出来。

在绿色和平组织上榜的含转基因成分的产品，大部分是一些跨国食品品牌。相比之下，买国产的新鲜果蔬，吃传统栽培的小米、大黄米、高粱、莜麦、红小豆、绿豆、芸豆等杂粮，用花生油、茶籽油自己烹调，几乎不会有吃进转基因成分的危险。所以，如果真的担心转基因食品，不妨少吃点洋快餐和饼干、薯片、点心、糖果之类，这也有益于健康；可千万不要因此远离各种大大小小五颜六色的国产蔬菜水果啊……

有关补充维生素的问答

维生素类药品现在成为很多希望美容健体、提高免疫力、均衡营养的人群的每日必备之物，有些人甚至对其产生了过分的依赖。在服用维生素药品这个问题上，人们有很多困惑。

（1）维生素的摄入量有最高限量吗？

大部分有最高限量，按现有的研究证据，如果超过这个量，就存在副作用的风险。超过越多，风险越大。

如果大量服用，则营养素已经不再是营养作用，更多的是一种药物作用。一旦达到药剂的水平，就有可能产生副作用。而且，凡是药物，都应对症，要与体质相合，否则可能带来潜在的危害。

一次摄入营养素数量过大，吸收率和利用率也会降低，所以一次吃几粒、几天才吃一次，不如每天服用或一天中分几次服用的吸收率高。

（2）哪些人群服用维生素增补产品有好处？

以下人群有必要适当补充维生素，但最好是在专业人员指导下，确认合适的补充品种和剂量。

由于生病不能正常饮食的人；

由于工作繁忙、压力很大，无法合理饮食的人；或因加班赶工、出差旅游、体育竞赛等原因暂时难以获得合理膳食的时候；

由于饮食不平衡，已出现营养素缺乏征兆的人；

由于节食减肥，饮食量大幅度减少的人；

由于怀孕或哺乳，担心自己营养素供应不足的女性。这类人群服用营养素要非常谨慎，并咨询营养专家；

工作压力大，睡眠不足、休息不够的人；

经常看电脑，眼睛容易疲劳的人。

如果饮食多样、平衡，有运动，生活状态正常，那么在健康状况下，可以不用补充维生素，或者服用剂量小一点的复合维生素。

（3）哪些症状表明人体缺乏维生素？

维生素A轻度缺乏的症状是夜间视力下降，从光亮处转到黑暗处时眼睛很难适应，看电脑或电视时感到眼睛干涩，皮肤干燥，容易患呼吸道感染等。

维生素B2的缺乏症状是口角疼痛开裂，嘴唇肿胀疼痛，舌头疼痛，眼白部分出现血丝，眼睛容易疲劳等。

维生素B1的轻微缺乏症状是容易疲劳、肌肉酸痛、腿脚容易感觉麻木、情绪低落、食欲不振、工作能力下降等。

维生素C的轻微缺乏症状是牙龈肿胀出血、容易疲劳、抵抗力下降、皮下容易出血等。

还要看自己的饮食状态和生理状态缺乏哪一种维生素。如果经常面对电脑，则建议多补充维生素A和复合B族维生素，以缓解视力疲劳；如果精神压力较大，则可以适当补充复合B族维生素和维生素C，以维持神经系统的高效运作；如果经常不见太阳，而且夏天大量用防晒霜，则要注意补充维生素D；如果很少吃新鲜全谷类和豆类，以外食和加工食品为主，则要注意补充B族维生素、维生素E和维生素K。

（4）服用单一维生素产品好，还是服用复合维生素产品好？

服用维生素的话，还是复合维生素好一些，特别是B族维生素，最好能够一起补，因为它们的功能上有互相配合之处。如果维生素能够和一些食物成分配合，则效果更佳，比如水果蔬菜中的成分可以促进维生素C的生理效应。

（5）服用复合维生素有什么注意事项？

注意不要空腹服用，否则吸收不佳，还可能对胃肠有刺激作用。应当在进餐即将结束时吞服，或在用餐结束后马上服用。食物中的成分能够促进脂溶性维生素的吸收，并减少维生素之间的相互不良作用。还要注意，维生素不能和其他药物同时服用。

（6）吃了维生素片，就可以不吃蔬菜吗？

虽然复合维生素片可以提供维生素 C、胡萝卜素和维生素 B2，可以提供叶酸，但它通常不能提供蔬菜中的钾、镁等常量元素，也不能提供其中具有清肠作用的不溶性膳食纤维，更不能提供其中的黄酮类、多酚类、有机酸和各种特殊的保健活性物质。

蔬菜是促进人体营养平衡的重要食品，一份鱼肉蛋类要配合 3 倍量的蔬菜，才能保证人体所摄入的营养元素达到平衡，避免动物性食品过量增加慢性疾病的风险。维生素片不能提供大量的钾和钙，对矿物质元素的平衡几乎没有一点帮助。吃维生素片还无法获得饱感，起不到填充胃肠和促进减肥的作用。

根据我国营养调查的结果，中国人最容易缺乏的营养素是维生素 A、维生素 B2 和钙。此外，如果饮食安排不当，维生素 C 和维生素 B1 也容易缺乏。但普通人并不清楚自己的身体究竟缺乏什么营养素，所以也不一定能够找到合适的药片来预防营养缺乏病。如果所吃药片种类不合适，数量不当，甚至可能造成危害。维生素 A 和维生素 D 在服用过量时都会造成中毒，维生素 C 和维生素 B 族虽然不会使人中毒，却不能在体内保存，如果吃得太多就会从尿中排出，白白浪费。但从普通食品中获得维生素，几乎不可能发生中毒的问题，也不会造成过多的浪费。

过分依赖维生素片还会带来另一个麻烦，那就是人体习惯于大剂量维生素供应之后，对食物中维生素的吸收能力反而可能下降，维生素的排出量却很高，这就好比生活在富裕家庭中的孩子不知节俭一样。一旦停止吃维生素片，经常服用维生素药品的人比普通人更容易发生缺乏症。

近年来，越来越多的研究者发现，天然食物的保健效果，特别是预防癌症和慢性病方面的效果，是人工食品或者提纯营养素所难以代替的。各种营养素增补剂或“保健成分”提取物的“健康成分”经过高度提纯，离开了天然的食物环境，稳定性和有效性必然受到影响。同时，营养素的作用往往需要其他食物成分的调和平衡，这种大自然的巧妙配合是人类很难完全模拟的。单独地、大量地摄入一种营养素或保健成分，反而可能不利于人体健康。

俗话说得有理，“天道酬勤”，要想预防包括心血管疾病在内的各种慢性疾病，延缓身体的衰老，人们应当更加重视摄取新鲜、多样的天然食物。如果你真关注自己的健康，就应当尽可能地购买粮食、蔬菜、水果、豆类……自己下厨烹调清淡简朴的食品，从膳食中获得充分而全面的营养物质，而不是过分依赖加工食品，然后用营养素片来求得心理安慰。

健康人在尽量吃好三餐的前提下补充适量营养素是有益无害的，而疾病患者应遵照专业人士意见有计划地增补。

5.2 饮食要因时因地制宜

1. 饮食要因时制宜

吃东西的时间有讲究吗?

吃东西这事情，在吃不饱饭的年代，本来是非常简单的：什么时候有吃的就吃，没什么时间上的讲究。可是，一旦食物极大丰富，好像各种规矩也就多起来了。最糟糕的是，这些规矩之间还可能相互矛盾，弄得老百姓无所适从。

看看下面这些说法，你听到过吗？你信吗？

——早晨吃水果是金，中午吃是银，晚上吃是垃圾

——水果一定要饭后吃，饭前吃刺激肠胃

——水果一定要饭后两小时以后吃，否则会引起消化不良

——上床萝卜下床姜

——最震撼的是最近流传的一种说法：早上吃姜胜人参，晚上吃姜胜砒霜。

不就是一个时间的问题吗，效果居然有那么大的差异？我们真的要计较吃每一种食物的时间吗？

其实，要回答这个问题，还真是相当复杂。以上这些说法，主要涉及三个方面：一天当中的生命节律，人体对这些食物能不能很好地消化吸收，还有会不会发胖的问题。

上床萝卜下床姜的道理

的确，人体顺应自然，在一天24小时当中，有着生命的节律。上午工作学习紧张，代谢也比较旺盛；晚上以休闲休息为主，代谢率也有所下降。

所以，同样热量的食物，在早上吃，相对而言不太容易长胖；对于那些需要控制体重的人来说，如果实在很馋那些高热量的食物，可以在早餐适当品尝一些，相比晚上吃发胖危险要小得多。

同时，凡是那些刺激人体兴奋、促进热量散发、提高身体活力的食物，最好能够在早餐和午餐吃。

晚餐呢？按照大自然的规律，日出而作，日落而息。人体本来应当在这时候变得内敛、平静，不再工作，不再兴奋，而是准备休息，需要把全身的血液和能量从外部收回到内部，集中精力修复组织器官了，对孩子来说，还要做生长发育的工作。所以说，晚餐就不能再吃让人兴奋的食物，也不该吃难以消化的油腻食物。那些容易消化或能够帮助消化，让身体减少散热、减少兴奋的食物，都是晚上的好食物。

所谓“上床萝卜下床姜”，讲的就是这个道理。姜、葱、蒜等调味品都是使人体温暖发热的食物，它们让人觉得很有精神，适合在早上和上午食用。电视上报道过一位长寿老人，九十多岁，却仍然精神矍铄，耳聪目明，脸色红润，他自述的养生秘诀是每天早上吃几片姜。

而晚上呢，吃点清淡的萝卜，能帮助消化，通气顺肠，当然比吃油腻食物好得多了。萝卜可不是让人兴奋的食物，它更能让人心平气和。除了萝卜之外，各种清爽的凉拌菜，杂粮粥，青菜豆腐之类，都很适合晚上食用。

晚上人们还喜欢喝点莲子汤啊，百合汤啊，是因为民间传统认为它们有安神的作用。吃夜宵的时候，过去传统上吃点小米粥啊，藕粉啊，也是因为它们容易消化又有平缓情绪的作用。

反过来，如果晚上吃油腻厚味食物，特别是牛羊肉、煎炸食品，再加上大量辣椒、花椒、葱、姜、蒜，恐怕对身体就没有什么好处了。但是，无论怎么说，姜毕竟是姜，不可能因为在晚上吃而变成砒霜，马上把人放倒。说晚上吃辛辣浓味不好，是说它违背养生之道，天长日久就容易造出病来。中原某些地区有这样的习惯，早上喝碗胡辣汤，晚上喝碗清淡的杂粮粥，实际上是非常科学的饮食传统。

所谓“道”是什么意思？就是天地间的规律。比如说，人人都知道，清晨人体体温最低，晚上体温最高。晚上要把体温降下去，进入休息状态，你偏偏吃那些让身体发热的东西，当然是违背道理的事情。与自然的规律相悖，身体就会产生负担，久而久之，容易危害健康。所以，从长期效果来看，长期坚持错误的生活方式，就等于吃慢性毒药。

不过，这并不能代表晚上做菜的时候不能放点姜末，也不代表晚上淋雨或受凉了不能喝碗姜汤。仅仅是说晚上不特意吃姜，不多吃姜而已。因为任何食物和药物，都要吃到一定的量才起作用，晚上用半勺姜末来做菜，是无须担心的。

吃水果：看时间不如看体质

关于水果应当什么时候吃的问题，很多人都觉得困惑不已。我认真回想其他地方的规矩，发现其他地方似乎对吃水果的时间不那么严苛。一位台湾教授告诉我，台湾平均每人每年吃掉三百多斤水果，而且并不考虑是否餐后2小时才享用。西方人更是把水果看得如同蔬菜一般，无论制作沙拉，还是制作甜点，都是用餐时食用。英国营养专家认为国民吃水果数量不足，鼓动政府出钱给每个孩子每天发放一个免费水果，却完全没有提示吃这只水果的时间。

与其说餐前不能吃水果，不如说“空腹不能吃水果”。一种顾虑是，空腹时胃中酸度较高，再吃富含有机酸的水果，对胃有一定刺激。另一个理论是，水果中含有大量单宁，和胃酸结合，容易产生结石。

看来，对于胃酸过多的人来说，空腹吃酸度高的水果可能有害；单宁过多的水果，比如柿子，空腹吃可能和胃中黏蛋白作用而导致不适。但其他水果呢？它们似乎无辜受害了。如今水果味道越来越甜，酸度越来越小，涩味也日益淡薄，这种担心渐渐失去了物质基础。

还有一项理论，说水果糖分比较高，空腹吃容易产酸，并造成打嗝，等等。显而易见，这个理论不能成立。因为糖分在胃里根本不会消化，而是在小肠中消化的。如果糖分较高便不能吃，那么饭前连巧克力、饼干和水果糖都不能吃了，因为它们更是高糖分食品。

总之，餐前不能吃的水果，仅限于柿子、酸杏等少数水果。苹果、梨、桃、橙子、橘子、西瓜、甜瓜、草莓、芒果等绝大多数水果都可以放心地在饭前吃。

餐后不能吃水果的顾虑是：如果人们在饭后立即吃进水果，就会被先期到达的食物阻滞在胃内，致使水果不能正常地在胃内消化，而是在胃内发酵，从而引起腹胀、腹泻或便秘等症状，长此以往将会导致消化功能紊乱。

听起来似乎有理，但它的前提是，吃水果之前已经很饱，而且吃的水果比较多，导致长时间滞留胃中，胃酸分泌量又不足以杀死附着在水果上的细菌，从而发酵产生大量气体，造成胃肠不适。

因此，如果用餐时食物摄入量已经很大，胃中饱胀，就可以晚些吃水果；如果吃的食物不多，也不油腻，感觉胃里还可以容纳更多的食物，就无妨当时进食水果。

最近看到一本国外的饮食书籍，其中提到，对于一些胃肠功能非常弱的人，在进食时间和食物搭配方面可能需要注意一下，饭后马上吃大量水果是不妥的。不过作者表示，这只是针对肠胃不好的人而言，并不意味着人人都需要遵守这些说法。

餐后吃水果，还要特别考虑的问题是水果的温度。如果吃了大量油腻食物，再吃大量冷凉的水果，胃里血管受冷收缩，对比较敏感的人来说，可能影响消化吸收，甚至造成胃部不适。因此，餐后吃水果应以常温为宜。

总体而言，水果的食用时间没有什么特殊的禁忌。只要不是特别酸涩的水果，都可以饭前吃。这时吃水果有利于填充胃袋，产生饱感，减少下一餐的食量，对控制体重最为有利。

进餐时吃含有水果的食物，把它当成菜肴的原料，或者作为一道餐后甜点少量食用，也都没有问题。不能“大量”吃水果，不意味着一口都不能吃。

为什么说水果“早餐是金，午餐是银，晚餐是铜”？

说早餐吃水果最好，是因为我国居民早餐质量往往不高，一般吃不上蔬菜，通常只有主食和肉蛋奶类。配上一些水果，更有利于营养平衡，可以提供维生素 C 和膳食纤维。但这并不等于水果不能晚上吃。由于水果清淡，容易消化，它也很适合作为晚间的食物。只是，如果想减肥的话，就不能在吃饱晚饭之后又吃很多水果，这样有可能增加热量，带来肥胖。

如果在两餐之间用水果代替饼干、曲奇、蛋糕之类点心和甜饮料，或少吃一些晚餐，改成吃水果，那就是非常健康的选择了。新鲜水果的健康益处，实在远远高于那些甜食。

我一直觉得奇怪，越是营养好的食品，人们越是有很多很多的说法，这样吃不好，那时吃不好；却从来没有人告诉我们，什么时候不能吃饼干，什么时候不能吃蛋糕，什么时候不能喝甜饮料，好像这些营养很差的食品什么时候都可以乱吃。

在食物总能量不超标的基础上，如果想吃水果，就吃吧。只要胃里感觉舒服，什么时候都可以，限制每天200～400克的水果总量，或许是更重要的。水果这么好的东西，看在眼里，闻着香气，愣是不敢吃，多苦。

高温时节的饮食建议

在一年四季中，最难过的便是夏天。高温炎热对人体来说是一种“逆境”，身体必须靠大量出汗来维持体温的恒定。汗水的成分相当复杂，除水分之外，还含有钠、钾、钙、镁等矿物质，维生素 C 和多种 B 族维生素，以及少量蛋白质和氨基酸。特别是“桑拿天”的时候，空气湿度过高，人体出汗量非常大，而汗液蒸发慢，体温调节更为艰难。营养素和水分损失大，消化系统功能变差，更加重了食欲不振、四肢乏力的感觉。

怎样才能健康地度过酷暑呢？以下几项建议可能会有所帮助。

（1）多喝粥汤，补充电解质

夏季应供给足够多的含水分食品，然而更重要的是补充出汗时损失的各种矿物质，尤其是钠和钾。一些人夏日贪饮甜饮料，每天大量吃甜味瓜果，却很少认真吃咸味正餐，出汗量大时便可能会缺钠。如果喝盐水、吃咸菜，却没有补充足够多的水果蔬菜，则容易发生缺钾问题。而体内缺钾时，人对中暑的抵抗力就会下降。

普通甜饮料一般只含有糖分和水分，却不能提供钠、钾、钙、镁等电解质，也不含 B 族维生素；运动饮料虽然加入了钠和钾，有的还加了镁和钙，但也不含有维生素 B1 和 B2；白开水、纯净水和矿泉水可以让水分迅速进入人体，却会降低血液中的电解质浓度，降低渗透压，结果是水分快速变成汗和尿排出体外，同时带走多种营养成分。因此，不要单靠这些饮料来解渴，应当尽量多吃水果蔬菜，还应当在家中准备营养丰富的粥汤和解暑饮料，其中尤以加少量盐分（0.2% 以下，刚能感觉出若有若无的咸味）的豆汤（红豆汤、绿豆汤、黑豆汤等）、豆粥最佳，它们对补充钾、镁等矿物质最有帮助。此外，绿茶、花果茶、酸梅汤等也是相对比较好的选择。

饮用汤水时要注意少量多次，因为暴饮可能造成突然的大量排汗，还会导致食欲减退。刚从冰箱中拿出的饮料一定要在室温下放一会儿才能饮用，避免引起胃肠道血管的突然收缩，甚至发生痉挛。

（2）每天吃牛奶、鸡蛋和豆类

在35℃以上的高温中，人体排汗会损失大量蛋白质，同时体内蛋白质分解也会增加。特别是闷热天气中，人们往往食欲不振，又不爱下厨烹调，很容易发生蛋白质摄入不足的现象。因此，每天要保证有一杯酸奶/牛奶，一个鸡蛋/咸鸭蛋，再加上一份豆制品或一碗豆粥，还要经常吃些瘦肉和鱼，以补充铁质。

（3）菜果和杂粮：供应维生素

夏季每日会从汗液中损失较多的是维生素C和维生素B1、B2，缺乏这些维生素会使人身体倦怠、抵抗力和工作效率下降。据测定，高温天气中水溶性的维生素需要量是平时的2倍以上。补充维生素C的好办法是多吃蔬菜和水果，补充维生素B1的好食品是绿豆、红豆、扁豆等豆子，以及玉米、大麦、燕麦等粗粮，维生素B2的好来源则是牛奶和绿叶菜。如果饮食不周，最好能额外补充每天1～2片复合维生素B和2～3片维生素C。有了充足的维生素，加上足够的矿物质，夏天照样能够精神抖擞！

（4）吸引食欲，少量多餐

在高温环境中，消化酶分泌减少，消化功能下降。因此，夏季的食物应当清淡爽口，食物的外观和花样要吸引食欲，苦味食品清新爽口，再适当添加一点辣味调味品，则更为美味和平衡；调味的原则是少用油，多用醋；在供餐的次数上不妨少量多餐，在天气凉爽的时段可适当加餐。

（5）警告：冷饮不是解暑佳品

夏天爱吃冷饮是很多人的通病。实际上，冷饮只能使口腔感到凉爽，却并非解暑佳品。研究证明，冷饮不能降低人的体温，相反，由于血管受冷收缩，反而降低了身体散热的速度。此外，冷饮中含有大量糖分，不仅不能解渴，反而可能越吃越渴。

冷饮的第二个害处是刺激胃肠壁，降低消化能力。孩子餐前吃冷饮会严重妨碍食欲，影响夏天的生长发育。

冷饮的第三个害处是妨碍咽喉部位的血液循环，降低咽喉的抵抗力，使人容易发生呼吸道感染，特别是从冷飕飕的空调房间出去时，一冷一热，极易发生呼吸道感染。

冷饮的第四个害处是营养不平衡。冰淇淋算是营养价值最高的冷饮，但其中脂肪含量较高，减肥者应注意控制。普通棒冰以糖分为主，添加了增稠剂、甜味剂、磷酸盐、香精等多种食品添加剂，营养价值很低。用它们来填饱肚子，对夏日的健康有害无益。

因此，建议限制吃冷饮的数量，每天只吃一品，而且应当在饭后一小时之后食用。如果可能的话，用酸奶代替雪糕，用自家榨的果汁代替冰棍，更有利于夏日健康。

寒冬如何吃出暖意：高热量不等于高温暖

怎样吃出暖意来？这是很多人在冬天讨论的饮食话题。大部分人的答案无非两个类型：吃高热量的食物或者传统所说的“温热食物”。这两个说法，哪个更正确呢？

答案是，吃高热量的食品并不能让身上暖起来。吃猪油，吃蛋糕，吃曲奇，吃油炸食品……这些对于提高抗寒能力基本上没什么帮助。而吃传统认为“温热”的食物，相对而言更有效一些，不过也要看身体状态和食物搭配是否合适。

先来解释第一个问题，为什么高热量不等于高温暖？

为了解释方便，我们把人体看成一个供暖工厂。这个工厂的燃料就是食物当中的热量成分，比如脂肪、淀粉和糖；工厂的锅炉，就是人体细胞中的线粒体；工厂的产品，就是大量放出来的能量，包括让身体温暖的热量，还有推动我们的血液循环、细胞更新、组织修复、工作学习等各种事情所需的化学能量。

吃大量的高热量食品，实际上是给这个工厂送来很多燃料。问题是，这些燃料堆积如山，也不一定能够顺利、高效地燃烧，让锅炉充分放出热量。假如人体细胞当中的锅炉太少，或者进料的管道出了问题，或者工厂指挥系统下达指令，要求降低供热总量，那么，就算有足够的燃料，产出的热量还是不能满足需要。

那么，谁是锅炉呢？刚才说了，就是细胞中的线粒体。肌肉细胞中线粒体多得密密麻麻，所以一个人身上的肌肉越多，越充实发达，细胞中的线粒体总量就越大。而脂肪比例越大，线粒体总量就越少，因为脂肪细胞中只有大量油脂，线粒体少得可怜。这样一说就能明白，肌肉多的人产热能力强，而脂肪比例高的人产热能力差。运动后发热，正是因为肌肉中的锅炉们加大力度工作的缘故。

所以就可以解释，为什么运动员们不怕冷，练健美的人冬天也穿得很单薄；而很多胖人虽然有厚厚的脂肪层来保温，仍然不比其他人更抗冻。

那些又缺脂肪、肌肉又少、皮包骨头的瘦人，自然就是最不抗冷的人了。他们所要做的事情，就是增加运动，好好健身，充实肌肉，增加自己的“锅炉”数量。

由于这些人锅炉太少，需要的燃料自然也就比较少。一旦多来点燃料，就很容易堆积成患，也就是说，会因为消耗不掉，转变成身体上的脂肪，造成肥胖。所以，肌肉不发达的人更容易胖，而肌肉充实发达的人，多吃也不会胖。

好了，下面就来说说那些所谓“温热”的食物。它们是怎样让人感觉到温暖的？

所谓热性或温性的食物，是古代传下来的说法，在某种意义上，就是使人们身体感觉更温暖的食品。古人的说法一点都不抽象，是极端具象、容易理解的。

虽然没有足够的研究证据，但可以根据现有证据推断它们的作用。比如说，某些食品的功能是促进消化吸收，提供更多的微量元素和维生素，从而间接促进新陈代谢。也就是说，它们能让供暖工厂的设备得到良好的维护和润滑，运输管道畅通，供暖效率就自然会提高；还有食物帮助调整促进生物氧化的激素，就是领导给供暖工厂发布指令，要求保证产能，供暖效果自然不会出问题；也有些食物能促进血液循环，加快氧气和葡萄糖的运输速度，加快体表散热的速度，所以也能让身体感觉温暖，等等。

还有一些食物虽然本身不生热，但能帮助补充血红蛋白，或者改善血液循环，也就是一些“补血”的食物，这也能帮助暖身。这是因为没有足够的氧气，锅炉就不能熊熊燃烧，而氧气是靠血液来输送的。

所以，天冷的时候吃些“温热”食物，的确是比较有利于抗寒的事情。比如说，吃加了香辛料的食品，辣椒、花椒、大茴香、葱、姜、蒜之类，都有改善血液循环的效果，从而增加身体散热。又比如说，牛肉、羊肉、鹿肉等富含蛋白质，而蛋白质本身具有很高的“食物热效应”，它们进食后会促进体表散热，这种散热所消耗的能量高达蛋白质所含能量的30%之多。所以人们吃涮羊肉会浑身冒汗，只吃涮白菜、涮面条就不可能达到同样的温暖效果。其实，有些减肥方法要求人们多吃瘦肉，在某种程度上也是为了利用这种“浪费能量”的效应。同时，这些红肉还富含铁，能帮助贫血的人增加血红蛋白。一些传统认为能帮助人们预防贫血的食品，比如桂圆、枣、芝麻、红糖，以及有利于改善消化吸收的山楂、山药、各种发酵食品等，都间接地有利于抵抗寒冷。

冬天三餐食物烹调之后都容易变凉，对于一些怕冷的人来说，冰凉的食物会降低胃中消化酶的活性，并因为血液循环减慢而可能影响胃的蠕动。如果消化吸收不良，得到的能量和营养素减少，自然是不利于抗寒的。因此，吃热乎乎的食物有利于抗寒，主要还是有利于消化吸收的缘故，并不是因为升高食物温度的那点能量。

所以，身体怕冷的人适合多吃这些传统认为冬天能够帮助暖身的食物。不过一定要记得，健康食物永远因人而异，如果本身就喜凉怕热，就不要多吃了，否则倒容易因为能量制造过剩，炎症反应升高，超过身体控制，而产生一些俗话说的“上火”之类症状。如果吃了某些“发热”食物之后有不舒服的感觉，也一定要调整食物品种，否则就会伤害身体。

2. 饮食要因地制宜

饮食、水土与健康

“一方水土养育一方人”，这句简简单单的俗话，包含着令人惊叹的丰富内涵。

山河草木，春去秋来，五谷菜果，体格性情……百万年岁月间积淀下来，人、饮食、地理之间缠绕不清的联结，居然就这样简练地被概括得有声有色。

人本来就是自然的产物，如同草木一般，从树居穴住时期以来，就和自己所属的地域丝丝缕缕地缠结在一起。在与自然和谐相处的时代当中，人类总是按照自己的环境来设计生活，靠山吃山，靠水吃水，草原居民多吃肉和奶，热带居民多吃果和菜。

古人知道，各地的节气物候不同，所吃的食物也须与天时地理相合。宋代《圣济经》中说：“……是以春气湿，食麦以凉之。夏气热，食菽以寒之。秋气燥，食麻以润之。冬气寒，食黍以热之。春夏为阳，食木火之畜以益之；秋冬为阴，食金水之畜以益之。”人们口中所咀嚼的，并不是简单的五谷六畜，而是日月运行，寒暑轮回，以及自然变化和人体间的微妙互作。

平平常常的食物当中，蕴含着自然的力量和山川的性格。

在依赖自然的古人眼里，哪怕同样一种食物，种在不同的土地上，为不同地域的人所食，起到的效果也可以大相径庭。宋代《养老奉亲书》当中提到：“菠菜，冷，微毒……北人食肉面则平，南人食鱼鳖水米即冷，不可多食……久食令人脚弱不能行。”元代《饮食须知》当中则说“北粳凉，南粳温”，同样是大米，南北所产者药性不同。这样的细致体验，让人不得不感叹自然造化之玄妙。

如今的我们，却已经远离了与自然朝夕亲近的生活。在异化到已经不辨四季的现代文明当中，有空调造就人工气候，有建筑提供人工环境，食物大概是人与自然相联系的最后纽带了。无论是新鲜的蔬菜水果，还是朴实的五谷杂粮，在它们或美艳或纯朴的外观之内，都深深地镌刻着自然的痕迹。

最好的食物，总是产于某个特殊的地域，成熟于某个特定的节气。龙井茶让人们想起西湖的柔美，哈密瓜则让人们向往吐鲁番的风情。人们把这些食物放在餐桌上的时候，也总会或有心或无意地，品味来自遥远地方的山川灵气。佳肴美酒尝遍，英雄迟暮之时，人们心中念念不忘的，还是儿时家乡的食物。西晋张翰的“莼鲈之思”固然有些作秀的成分，但正因合乎天理人情，才被后人代代传扬。

水土、饮食与人的关系，这看似古老的话题，居然在美国一项最新的营养学研究当中得到了有力的验证。这些研究者对来自不同地区的人的线粒体基因序列进行分析，发现人摄入食物之后，分解消耗其中能量的方式取决于人的祖先起源地域。那些祖先来自寒冷北极气候的人，由于漫长的适应过程，形成了一种大量散热的生理机制；反之，起源于炎热气候的人则会节省能量，放出的体热较少。

如今地球上的人口流动如此剧烈，多数人的生活环境已经远离自己种族的起源之地。即便吃同样的食物，那些起源于寒带的人可能会在赤道的骄阳下为身体发热而困扰，那些源自热带的人却可能身在北欧，因为散热较少而更加容易发生肥胖。

食物无声地提醒人类：我们终究是自然之子，不可能挣脱自然的力量。只有与自然协调的生活，才能保证人体的健康和代谢的顺畅。冬食冷饮、夏食火锅，北方人大吃海鲜，南方人贪啖烤羊肉——这样无视自然规律的饮食，终归是致病之源。

科学家们猜测，人类百万年来形成的对自然环境的适应机制，很可能与肥胖、糖尿病、高血压、心血管疾病等现代文明疾病的起源密切相关。今天的人类大多背离了自己遗传上所适应的生存环境，背离了自己从小生长的乡土环境。几十年间形成的富裕饮食方式，与人类数十万年来形成的代谢方式，正在进行激烈的冲突。移民到异国他乡之人，或者由贫骤富之人，很多疾病的发病率会大幅度上升，就是两个最为有力的证据。

如何按照基因模式调整自己的饮食，在膳食当中体现人与自然和谐的关系，也许正是文明人面前最要紧的课题。也许有一天，就在举箸之际，此刻身边的水土，童年家乡的水土，甚而是千万年前祖先所处的地理环境，都了无痕迹地溶在一桌健康饮食当中。

5·3 吃饭顺序有讲究

你吃饭的顺序对吗？

无论去餐馆还是在别人家做客，吃饭的顺序似乎已经约定俗成——先给孩子来点甜饮料，大人们则专注于鱼肉主菜和酒品，吃到半饱再上蔬菜，最后吃主食，主食后面是汤，最后还有甜点或水果……

这种大众公认的用餐顺序，其实，可以说是最不健康、最不营养的。

先从甜饮料说起。这类饮料营养价值甚低，如果拿给孩子填充小小的胃袋，喝完之后，小孩的食量就会显著减少，容易造成孩子的营养不良问题。

成年人在饥肠辘辘的时候，如果先摄入鱼肉类菜肴，显然会把大量的脂肪和蛋白质纳入腹中。因为鱼肉当中的碳水化合物含量微乎其微，显然一部分蛋白质会作为能量被浪费。但是，浪费营养素并不是最要紧的问题，摄入过多的脂肪才是麻烦。在空腹时，人们的食欲旺盛，进食速度很快，根本无法控制脂肪和蛋白质的摄入量。就饮酒而言，也是空腹饮酒的危害最大。

等到蔬菜之类清淡菜肴端上桌，人们的胃口已经被大鱼大肉所填充，对蔬菜兴趣有限。待到主食上桌，大部分人已经酒足菜饱，对主食不屑一顾或草草吃上几口了事。如此，一餐当中的能量来源显然只能依赖脂肪和蛋白质，膳食纤维严重不足。天长日久，血脂升高的问题在所难免。

吃了大量咸味菜肴之后，难免感觉干渴。此时喝上两三碗汤，会觉得比较舒服。可是，餐馆中的汤也一样含有油盐，给血压血脂上升带来机会。等到胃里已经没有空闲之处，再吃下冰冷的水果或冰淇淋，又会让负担沉重的胃部发生血管收缩，消化功能减弱。对于一些肠胃虚弱的人来说，吃完油腻食物再吃冷食，很容易造成胃肠不适。

如果把进餐顺序变一变，情况会怎么样呢？

不喝甜饮料，就座后先吃清爽的新鲜水果，然后上一小碗清淡的开胃汤，再吃清淡的蔬菜类菜肴，把胃充填大半；然后上主食，最后上鱼肉类菜肴，此时可饮少许酒类。

如此，人们既不太可能油脂过量，也不太可能鱼肉过量，轻而易举就避免了肥胖的麻烦；首先保证足够多的膳食纤维，延缓了主食和脂肪的消化速度，也能避免高血脂、高血糖的麻烦。从食物类别的比例来说，这样吃饭的顺序可以控制肉类等动物性食物的摄入量，保证蔬菜和水果的摄入量，提供大量的抗氧化成分，并维持植物性食物和动物性食物的平衡。

对比中国居民膳食宝塔，每天摄入量最多的应当是蔬菜和主食，摄入量最少的应当是动物性食品，把它们放在就餐顺序的最后才合情合理。

与喝普通咸汤相比，就餐时喝茶或喝粥汤，要健康得多。因为茶和粥汤几乎不含钠盐，也不含脂肪。茶里面富含钾，可以对抗钠的升压效果，还能提供少量维生素 C；如果使用豆类或粗粮原料来煮，粥汤中除了富含钾，还有不少 B 族维生素。

除了食物的选择，进餐时也要注意速度不能过快。如果本来就爱吃精白细软的淀粉类主食，还快速地吃完，血糖上升的速度可想而知，胰岛素的压力之大可想而知，对于预防糖尿病当然是非常糟糕的事情；而精白淀粉食物加肉类的配合，还会让血脂的控制变得更难。如果运动不足，35 岁之后就会非常容易患上脂肪肝、高血脂、糖尿病。

说起来，不过是用餐顺序、用餐习惯的小变化；做起来，改变的却是健康生活大效果。

5.4 饮食要限量

怎样才能吃到“七成饱”？

人们经常听说，要想不长胖，要想不给肠胃增加负担，吃饭要吃到七成饱。因为吃进肚子里的食物，如果比例和数量不合理，很可能会造成食物的“隐性浪费”。身体用不完的某些成分，比如过量的蛋白质，比如过多的钠、磷和硫元素，都要经过内脏的处理，然后排出体外。这些多余的营养成分，不仅不能给人体发挥健康作用，反而给身体带来沉重的负担。还有食物中多余的脂肪，会轻易地变成我们身体中的肥肉，并带来肥胖、高血脂、脂肪肝和糖尿病等慢性疾病的风险。

可是，说起来容易做起来难。什么叫做七成饱？或者说，七成饱是什么感觉？到现在也没有一个准确的说法。

在研究饱腹感一段时间之后，我按个人体验，想给这个模糊的说法加上一个比较容易操作的定义，这里和大家交流一下，看看是否妥当。

所谓十成饱，就是一口都吃不进去了，再吃一口都是痛苦。

所谓九成饱，就是还能勉强吃进去几口，但是每一口都是负担，觉得胃里已经胀满。

所谓八成饱，就是胃里面感觉到满了，但是再吃几口也不痛苦。

所谓七成饱，就是胃里面还没有觉得满，但对食物的热情已经有所下降，主动进食速度也明显变慢。习惯性地还想多吃，但如果撤走食物，换个话题，很快就会忘记吃东西的事情。最要紧的是，第二餐之前不会提前饿。

所谓六成饱，就是撤走食物之后，胃里虽然不觉得饿，但会觉得不满足。到第二餐之前，会觉得饿得比较明显。

所谓五成饱，就是已经不觉得饿，胃里感觉比较平和了，但对食物还有较高热情。如果这时候撤走食物，会产生没吃饱的感觉。不到第二餐，就已经饿了，很难撑到下一餐。

再低程度的食量，就不能叫做“饱”了，因为饥饿感还没有消除。

七成饱，就是身体实际需要的食量。如果在这个量停下进食，人既不会提前饥饿，也不容易肥胖。但大部分人找不到这个点，经常会把胃里感觉满的八成饱当成最低标准，甚至吃到多吃一口就觉得胀的九成饱。这样，如果餐后没有足够的运动，必然就容易发胖。

很多人说：你怎么能感觉出来这么细致的差异呢？我根本不知道到了几成饱啊？这是因为吃饭的时候从来没有细致感受过自己的饱感。如果专心致志地吃，细嚼慢咽，从第一口开始，感受自己对食物的急迫感，对食物的热情，吃饭速度的快慢，每吃下去一口之后的满足感，饥饿感的逐渐消退，胃里面逐渐充实的感觉……慢慢就能体会到这些不同饱感程度的区别。然后，找到七成饱的点，把它作为自己的日常食量，就能预防饮食过量。

对饱的感受，是人最基本的本能之一，天生具备。不过，这种饱感的差异，一定要在专心致志进食的时候才能感觉到。如果边吃边说笑，边吃边谈生意，边吃边上网、看电视，就很难感受到饱感的变化，不知不觉地饮食过量。

那么，为什么很多人从小就不知道七成饱的理念呢？这是因为他们从小就被父母规定食量，必须吃完才能下饭桌，从来不曾按自己的饱感来决定食量。这样，他们渐渐丧失了感受饥饱的能力，不饿也必须吃，饱了也必须吃完。因为父母通常都希望孩子多吃一些，总是多盛饭，多夹菜，使孩子以为一定要到胃里饱胀才能叫做饱，结果打下一生饮食过量的基础。

在外就餐时，食物的分量通常也是按照胃口最大、口味最重的人来设计的。很多人习惯于给多少吃多少，把食物吃完的时候，实际上也已经过量了。一些加工食品也一样，都尽量把一份设计得大一些，让人们习惯于多吃。这样对商业销售有利，但对消费者控制体重是不利的。

所以，我们在日常生活当中，需要放慢速度，专心进餐，习惯于七成饱。吃水分大的食物可以让胃里提前感受到“满”，所以有利于控制食量。比如喝八宝粥、吃汤面、吃大量少油的蔬菜、吃水果，都比较容易让饱感提前到来。吃那些需要多嚼几下才能咽下去的食物，比如粗粮、蔬菜、脆水果，能让人放慢进食速度，也有利于对饱感的感受，从而有助于我们控制食量。相反，精白细软、油多纤维少的食物会让人们进食速度加快，不知不觉就吃下很多，而饱感中枢还没来得及接收到报告，胃还没感觉到饱胀，吃下的食物能量就早已超过身体的需要了……后面能做的事情，也只有通过增加运动来消耗多余的“卡路里”了。

在热量相等的情况下，食物的脂肪含量越高，饱腹感就越低；而蛋白质含量高，饱腹感就会增强。体积大的食物比较容易让人饱，看起来或者吃起来比较油腻的食物也比较容易让人饱。此外，食物的饱腹感还和其中的膳食纤维含量有密切关系，纤维高、颗粒粗、咀嚼速度慢，则食物的饱腹感增强。总的来说，低脂肪、高蛋白、高纤维的食物具有最强的饱腹感，同时它们的营养价值也最高。

饱腹感持续时间长的食品所引起的血糖波动较小，反之饱腹感差的食物进食后血糖波动明显，对糖尿病人来说非常不利。

研究结果证实，那些含大量油脂和糖的曲奇、丹麦面包、巧克力夹心饼、蛋糕等食物很容易让人“爱不释口”，吃了又吃，不仅当餐容易吃过量，下一餐还会有较好的胃口。泰国香米一类的籼米饭容易让人饥饿，而口感粗糙的黑米、紫米、燕麦、大麦一类粗粮就容易让人感觉饱。用精白粉制作的馒头和面条并没有很强的饱腹感，红豆、黄豆、芸豆等各种豆类却是能够长期维持饱腹感的上佳选择。令人开心的是，这些高饱腹感食物恰好是具有最佳营养平衡、有利于控制各种慢性疾病和营养缺乏的食物。只要经常用它们作为三餐，就可以收到控制食欲、预防饥饿、减少下一餐食量和改善营养供应的多方面好处。

在饥不择食的时刻，人们肯定没有耐心煮好一碗红豆紫米粥，很可能转向蛋糕、饼干和薯片之类高能量、低营养价值的食品。实际上，这种时候只需要按照饱腹感的原则，选择高蛋白质、低能量密度而且方便食用的产品，一样可以有效压制饥饿感。最好的低能量餐前饱腹食物是酸奶、牛奶和豆浆。它们富含营养物质，可以提供一小时以上的饱腹感，饮用、携带也十分方便。一旦饥饿感褪去，便可以心平气和地选择更健康的正餐食品，也不会难以自制地吃得过多过快。

目前我国大城市中超重和肥胖者达 30% 以上，还有大批高血脂、高血糖的慢性病患者需要控制自己的饮食能量。利用饱腹感的原理对日常主食进行调整，多多选用粗粮、豆类和奶类，就不难搭配出饱腹感强、营养价值高、有利于降低血糖和血脂的三餐。

@ 范志红_原创营养信息

让人少吃而容易饱的食物有几大特点：纤维多、蛋白质多、油脂少、没有糖或低糖、水分大，含有植物胶则更好。减肥的时候，只要照着这个原则去选择食物，在同类食物中，就能选到能够吃饱而不胖的品种了。

科学上比较饱腹感，不是按重量，也不是按体积，是按所含热量来比。蔬菜因为水分大，热量低，在同样热量的食物中，饱腹感特别占优势；所有的豆类都是高饱腹食品；所有少油的绿叶蔬菜、菜花、蘑菇、海带等也是；粮食中饱感最强的品种是燕麦，与其他主食比，它蛋白质较高、纤维多、含有植物胶，而且吃的时候必须做成粥或糊食用，水分也特别大。

第六章　在外吃饭要当心

美食

健康

6.1 美食当中的健康隐患

重口味的坏处和好处

（1）常说味道重的食品对人体不好，它有哪些方面的危害呢？

一般来说，味道重的食物，令人担心的主要是盐（包括其他咸味调味品）、糖、增味剂和油脂过多的问题。浓味有时也涉及辣、麻、酸等方面的味道，但相比而言，没有前面的问题严重。

大部分情况下，味道重的食物含盐量都高。所谓“好厨师一把盐”，盐多，再配合一些增味剂和其他调味品，就容易给食客留下深刻印象。盐就是氯化钠，它是一种防腐物质，具有一定的毒性。除了盐之外，味精、鸡精等增鲜产品，以及酱油、黄酱、豆酱、日本酱、沙茶酱、豆瓣酱、辣椒酱、腐乳、豆豉、蚝油、虾酱、鱼露等所有咸味调味品也都含有大量的钠。

过多的钠会增加肾脏负担，促进水肿，升高血压，造成组织脱水，增加胃癌风险，加剧经前期不适，还会增加尿钙流失，不利于预防骨质疏松，等等。

（2）你常说咸甜口的菜不能常点，这种菜很好吃，为什么不健康？

太咸了，人体会感觉不愉快，所以厨师会想办法让菜咸而不“齁”，常见的办法就是放糖和增鲜剂。糖能减轻咸味、调和百味，加了糖之后，就可以放更多的盐而不觉得咸得难受，甚至还会产生一种浓郁够味的感觉。可惜，糖本身也是不利于健康的，味精则会进一步增加钠的含量。

所以，大量盐加上糖加上味精的调味组合，味道非常醇厚够味，却意味着其中的钠含量已经相当于正常调味的两三倍了，相当不利于健康。

（3）味道重的菜一般比较便宜，味道清淡的菜反而比较昂贵，比如日餐和粤菜，为什么？

因为味道重的调味方式能够掩盖食物品质的低劣。比如不新鲜的鱼和肉，用浓味烹调的方法，就吃不出其已经变坏的味道。如果用清淡的烹调方法，人们就马上能分辨出原料的质量怎么样，这样店家就没法用不新鲜的材料，原料成本就必然会上升，菜也就不会太便宜。

拿鱼来说，只有活鱼才能做清蒸鱼。死了不久的鱼可以做成红烧鱼，味道还不错。如果更不新鲜，最好做成干烧鱼，因为干烧鱼又咸又辣，有点微微的臭味都很难吃出来。一块肉，新鲜的时候才能做清炖、做冬笋肉丝，略差点还可以做红烧肉，再差一点可以做回锅肉、做面条的调味卤子。加调料煮过，再用油炸一下，再加大量麻辣、咸味调料，谁也吃不出来。

（4）你说过，味道重的菜往往烹调油的质量也令人担心，为什么？

味道重的菜，往往会用煎炸、过油等烹调手法，或者加入很多红油。这样，就难免会对烹调油脂多次加热，餐馆里煎炸一次之后的油是不可能马上扔掉的，还会反复使用多次。所以，吃这些浓味的菜，往往会发现油脂的黏度比较大，口感有点腻。

有厨师透露，做红油、用来拌凉菜的油，还特意要用那种已经煎炸多次、黏糊糊的油（实际上这就是该废弃的油，基本上属于地沟油范畴）来做。这是因为油黏糊之后，就能牢牢地粘在食材的表面上，不容易流到盘子底部，更有利于给食材入味。

也有厨师透露，味浓油大的菜肴，往往会用多次煎炸之后的油来做，因为调味浓烈，所以用了多次的油里面有点什么腥膻味道都吃不出来，比如辣子肉丁、回锅肉之类。如果是清炒蔬菜，就要用新点的油，否则旧油里的羊肉味、鱼肉味什么的都能吃出来，食客就会很别扭。

（5）浓味食品只要不常吃，偶尔吃还没事儿吧？

偶尔吃损害较小，经常吃损害就大了。任何不良食物，都要吃够数量才会引起危害。坏的饮食习惯，由于日日重复，吃进不良食物成分的总量很大，对身体的损害就会很大。日常生活中，吃不健康食物机会很多，今天有个聚会，明天有个饭局，后天加班工作餐，大后天请女朋友下馆子……如果经常纵容自己，一年到头就没多少日子可以清淡饮食了。

平日清淡饮食，一个月有一两次吃浓味的食物，是不至于引起麻烦的，而且，因为平日清淡饮食培养了敏锐的味蕾，吃浓味食物的时候会觉得特别重味，甚至都有点难以承受。反过来，如果平日习惯于浓味，味感已经非常迟钝，吃稍微淡一点的就觉得淡而无味，难以忍受，这往往意味着身体处于不安全状态：它对于食材的品质已经失去鉴别能力，内脏处理钠和各种代谢废物的负担也太重了。

（6）老人、孩子、体质差的人吃重口味的东西有什么特别的不好么？

幼儿的钠参考摄入量明显低于成年人，其味蕾非常敏感，肾脏也不能处理过多的盐，所以需要吃比成年人更清淡的食物。我国1～3岁幼儿的每日钠参考摄入量只有650毫克（相当于1.65克盐），只有成年人2,200毫克（相当于约5.6克盐）的1/4多一点。

所以，直接给孩子吃大人的饭菜，往往会造成盐摄入量过高的麻烦，既培养了孩子的重口味，又打下后半生容易患高血压的不良基础。有些家长看孩子不爱吃饭，特意在菜里面加很多味精、鸡精等，对孩子娇嫩的肾脏来说，实在是令人担忧的事情。

老年人味蕾敏感度下降，很容易发生调味过咸的问题。但老年人的肾脏功能已下降，处理过多的钠效率低下，又往往存在高血压、高血糖、高血脂的问题，这类“三高”人群是必须控制钠摄入的。所以老年人也要特别注意吃得清淡少盐。

（7）一些辣、麻、酸、香等味道重的调味品，对人体有什么好处吗？

总体而言，在我国北方地区麻辣调料添加过多对健康没有好处。在西南地区阴冷湿润的冬天，麻辣调味可以促进血液循环，促进出汗，使身体及时排除多余水分。在体力活动很强，重体力劳动而天气炎热的时候，出汗过多，又需要补充一些钠盐，所以口味可能会重一些。但在北方地区，除了夏季，出汗是很少的。气候非常干燥，补水还来不及，完全不需要用麻辣食物来给身体增加麻烦，贪吃川菜湘菜并无合理性。

酸和香的调味品，如果吃得得当，倒是对身体有一些益处。酸味主要来自于醋、柠檬汁和番茄酱，它们本身都含有营养素和保健成分，而且有利于消化吸收，还能延缓餐后血糖的上升，在烹调时经常加一点是很不错的。香辛料如肉桂、小茴香、大茴香、咖喱粉、葱姜蒜等，均可增加消化液的分泌，还有利于减少油脂的高温氧化，减少烹调中致癌物的形成。有研究表明咖喱中的姜黄这种成分对预防癌症有一定作用，而肉桂粉对糖尿病人有好处。至于葱姜蒜的好处，我国居民都有耳闻。只是，用这些调味品也要适量，不可过多，也不能温度过高到炸焦的程度。

（8）哪些身体状况的人吃口味重的东西会影响健康呢？

调味的合理性在很大程度上与环境和体质有关。消化液分泌不足、食欲不振、身体怕冷的人，适当添加麻辣调味品可以振奋食欲，促进消化液分泌，促进身体发热。但是，本来食欲旺盛、身体超重肥胖的人，就没有必要这样吃了。同时，麻辣调味对于皮肤黏膜有炎症的人是不合适的，比如眼睛发红，牙龈发炎，口腔溃疡，皮肤生有疮痘、湿疹，内脏有溃疡的人。刺激性调味品和高盐调味品，对高血压、心脏病患者都是非常不合适的，这些浓味菜肴往往还会放很多油，对于肥胖者，高血脂、脂肪肝等患者也是不合适的。

（9）有些人喜欢吃辣、吃麻，觉得这样才快乐，心情好才能身体好。吃清淡而不快乐的话，反而不好，对这种观点您怎么看呢？应该推崇还是改正呢？

心情快乐不一定身体能好。抽烟、吸毒、酗酒都是为了让人快乐，但对身体是巨大的损害。刺激性的东西，第一口都不喜欢，慢慢吃惯了，就会产生依赖，但这种依赖是以损伤健康为代价的。

相反，吃清淡食物，开始不觉得快乐，但慢慢习惯了，就会从中找到乐趣，体会到一种长久的心灵安宁。很多人都有这样的体会，过去吃浓味，吃油腻，当时开心，过后却经常不开心。脾气常常急躁，心情经常烦闷。吃得清淡健康之后，身体感觉清爽了，心情也平和开朗了，对整个世界的感觉都变了，因为不再那么浮躁，也不再那么具有进攻性，与身边的一切更能和平共处。只有切身体会，才会知道这种健康生活的快乐。

@范志红_原创营养信息

讨厌不健康食品，是人类身体的本能，也是爱护后代的本能。迷恋它们，是身体感官被外来物质控制，判断力变得迟钝的表现。就像毒品和烟草有害，身体第一次接触的时候知道排斥，但一旦中毒，就深深迷恋它们。可悲的是追求味觉刺激后，体验到疲惫困倦、起痘过敏，惹来肥胖甚至疾病，却不思改变。

我们传统烹饪中总是强调色香味，从来没有用营养去评价一道菜……个人认为就是过分追求色香味才导致现在多发的食品安全问题。没有需要就没有粉饰，消费者应该慢慢转变对饮食的追求方向。

美味火锅的五种伤胃吃法

天冷之后，火锅店就越来越火爆。热腾又鲜美的食物，最能带来温暖的幸福感。

新鲜的食材，新鲜出锅的食物，涮锅可以说是加工环节最少的一种烹调方法。只要原料质量有保障，火锅确实是个相当健康的吃法。不过，这么好的健康美食，居然也有麻烦。媒体曾报道，有些人居然因为吃火锅把胃吃坏了！

怎样吃火锅会伤胃？仔细想想，大概包括以下 5 种吃法。

吃法一：吃完热腾腾的火锅，再来根雪糕，体验冰火两重天的刺激。

解释：吃完火锅，胃里已经塞满了食物，负担沉重。这时候需要集中精力，加强胃部血液循环，使它能更好地混合、磨碎食物，还需要分泌大量消化液，以利后面的小肠消化。再吃一根雪糕的话，胃部血管会收缩，蠕动会减弱，消化液也会减少分泌，同时温度下降，消化酶活性下降。这不是和自己的胃过不去吗？消化功能强的人还可以忍受，消化功能差的人根本扛不住这种刺激，结果就是消化不良、胃胀、胃痛、腹胀、腹泻等各种不良后果，甚至三两天都缓不过来。

除了雪糕之外，餐后的冰果盘也一样不值得提倡。

吃法二：一边吃肥牛肥羊，一边大喝冰镇啤酒，求爽快。

解释：这种吃法和上面一样，都会降低胃肠的消化能力。在吃肥牛肥羊的时候，这种问题更为突出。这是因为，牛羊的脂肪都属于高度饱和的脂肪。它们在室温下是很硬的硬块，在体温下也不能变成液态——只要看看羊油、牛油、黄油平常是什么硬度就知道了。热吃牛羊肉的时候还好，如果特意加冰镇啤酒到胃里，这些脂肪就可能凝固成块。对于这些成硬块的脂肪，人体脂肪酶和胆汁会相当为难，没法把它高效混合成均匀的乳糜状态，消化率自然大大下降。如果本身消化功能就不够强健，这种吃法也容易导致上述各种消化不良的结果。

此外，一些没有充分消化的食物成分一旦从伤损的消化道进入血液，还可能造成食物不耐受反应，引发多方面不适。（详见《不要让美食伤害了你》一书）

吃法三：吃麻辣红油火锅，再喝大量白酒。

为了追求辣得全身冒汗的刺激，很多人都喜欢吃浓辣的火锅。但在北方干燥气候下，吃辣本身就不健康。过浓的辣味物质会造成消化道的过度充血，对于那些本来有胃炎、胃溃疡的人伤害更大，还有些人吃了辣味食物之后发生腹泻。如果此时再喝严重伤胃的白酒，让可怜的胃同时面临几种考验，后果可想而知。酒精会破坏胃表面的黏液保护层，并让胃壁蛋白质受损，产生一种类似“烫伤”的效果。有人甚至因此吃出胃出血，最后住进医院。

为一时的口腹刺激，连命都不要了，古人所说的“以身殉食”，大概就是这种感觉吧……

吃法四：爱吃烫食，特别是厚厚一层油的烫食。

人的消化道是由黏膜和肌肉等组织构成的，它们的细腻娇嫩，更甚于我们所涮食的羊肉。人们亲眼看到，红红的羊肉片，放进火锅当中，瞬间就变成了褐色的熟肉。这是因为，动物体内的蛋白质在60℃以上的温度下，会发生快速的变性，也就是说，不再有原来的结构状态和生理活性。可是，把滚烫的食物送进嘴里，送进食道，我们身体上的黏膜和肌肉不是一样受到高温的炙烤吗？它们同样会受到伤害而局部变性。虽然身体消化道的修复能力惊人，但连续一个小时的炙烫，还是会让它们损伤严重，甚至留下致癌隐患。

如果吃清汤火锅，严重烫伤的危险还小一点，因为薄薄的肉片会在空气中快速降温。但如果汤表面有厚厚一层油，那就麻烦了。人们都知道“过桥米线”的故事，油层具有极好的保温性，使食物的温度很难下降，烫伤消化道的危险就会大大增加。四川火锅用香油小料，正是为了让高温食物中的热量很快扩散到油碗当中，同时通过香油的润滑作用，缩短食物与食道接触的时间。即便如此，烫食仍不值得提倡。当然，香油小料中的油盐也要控制好。

吃法五：贪食肥美，蔬菜主食均高油

在一餐当中，本应有荤有素，有淀粉类主食。但是吃火锅的时候，人们往往会比例失调，大量吃鱼肉海鲜，蔬菜比例却很少，主食可有可无，而且都是最后才吃，难免质地油腻。涮羊肉店中的标准主食是烧饼，特别是高脂肪的油炸烧饼，此外还供应可以涮食的绿豆面条。面条本来很好，但总是涮肉完成之后才放，在煮的过程中会吸饱汤中的羊油，变成一种高脂肪食品。各种蔬菜，也总是在肉快要吃完的时候才放，把汤中的肥油再卷入口中。特别是吃红油火锅的时候，蔬菜会卷裹大量辛辣红油。

如此，对于平日很少吃大量饱和脂肪的人来说，就容易感到胃不堪重负。假如吃得过量，蛋白质和脂肪太多，再喝些酒，还容易带来胰腺炎的危险。

尽管以上危险均为老生常谈，但总有人不当回事，给自己的消化系统带来麻烦。以下是涮火锅时的八大注意：

（1）北方地区涮锅提倡用清汤，既健康，又安全。

（2）吃辣味火锅时最好不要喝白酒，喝啤酒的话，要选择常温的。

（3）开始涮锅时就放点土豆片、山药片、红薯片等进锅里，8～10分钟后就熟了。尽早吃点淀粉类食物有利于保护胃肠。

（4）多点新鲜蔬菜，可以减少亚硝酸盐合成亚硝胺类致癌物的危险。蔬菜不宜久煮，并且要早点放蔬菜下锅，不要等到肉涮完之后，因为过多的蛋白质会增强致癌物的作用。如果汤内有大量浮油，先去掉大部分浮油再放蔬菜；如果是鸳鸯锅，把蔬菜放到白汤中涮。

（5）把滚烫的食物先放在盘子里凉一下，或放在蘸料中充分浸一下，降低温度后再吃。

（6）吃七成饱就停下来，宁可剩下也不能伤自己的胃。

（7）饱餐火锅后尽量不吃任何冷饮和其他冷食。

（8）一餐吃了涮肉之后，下一餐一定要清淡一些，多吃粗粮、豆类、蔬菜，尽量补充有利于预防癌症的膳食纤维、维生素C和抗氧化保健成分。

此外，还有些人喜欢喝火锅汤。火锅汤中的危险，除了让痛风病人担心的嘌呤类物质，还有亚硝酸盐和亚硝胺类。如果一定要喝火锅汤，就要注意以下几点：

（1）不同汤底类型，在涮锅之后的亚硝酸盐含量差异很大。本身富含亚硝酸盐的酸菜和海鲜做底汤时，亚硝酸盐含量特别高。相比而言，清汤、骨头汤、鸳鸯汤等比较安全。

（2）涮的食品不同，涮锅后汤的危险性也不同。涮酸菜、海鲜类高亚硝酸盐的食品之后，喝汤时应更加小心。

（3）如果要喝汤，不宜在涮锅结束的时候喝，在涮锅开始之后半小时内喝最放心。

6.2 在外吃饭要学会自我保护

下餐馆要防住三件大事

餐馆的环境卫生容易看出来，菜里的不安全因素就难看透了。这里就借您一双慧眼，大家一起行动，把餐馆食品的三大安全隐患看个清清楚楚！

首先，一定要防住地沟油。

所谓地沟油，未必是地沟里捞出来的油，在厨房里炸了又炸的油，或剩菜回收利用的油，其实都属于地沟油的范畴。地沟油中的有毒致癌物质会不断积累，反式脂肪酸含量越来越高，对身体有用的成分越来越少，还会促进发胖、促进脂肪肝、促进高血压、促进心血管损伤等等！

招数一：看菜单

如果是油炸、油煎法制作的菜，或看到干锅、水煮、干煸、香酥等字样，说明菜肴的烹调需要大量的油，或者需要油炸处理。这些油不太可能是第一次用，即便不属于口水油或地沟油，质量也好不了太多。高温加热会让油脂发生反式异构、聚合、环化、裂解等变化，相比而言，蒸、煮、炖、白灼、凉拌等烹调方式对油脂的品质影响小，而且无须反复加热烹调油，不容易带来地沟油的麻烦。

招数二：查口感

尝尝菜的口感，就知道油的新鲜度怎么样。新鲜合格的液体植物油是滑爽而容易流动的，即便油多，也绝无油腻之感。在水里涮一下，也比较容易涮掉。反复使用的劣质油黏度上升，口感黏而腻，吃起来没有清爽感，甚至在热水中都很难涮掉。

招数三：观剩菜

菜打包回家之后，放在冰箱里，过几个小时取出来。如果油脂已经凝固或半凝固，说明油脂质量低劣，反式脂肪酸和饱和脂肪酸含量高，很可能是多次加热的油甚至地沟油。如果是这样，剩菜不如扔掉，这样的餐馆也不要再去第二次。

第二件大事，就是防住亚硝酸盐。

国外研究证实，多吃用亚硝酸盐腌过的肉会增加多种癌症的危险，包括肠癌、食道癌、肺癌、肝癌，还有乳腺癌。如果厨师手里没准儿加多了，或者把亚硝酸盐误当食盐加进去，还有急性中毒的危险！

招数一：看颜色

生牛肉、生猪肉是红色的，加热之后自然变成褐色或淡褐色。而用了亚硝酸盐的肉，做熟之后都是粉红色的。加酱油或红曲也能让熟肉发红，但它们的颜色只在表面上，且颜色比较深；亚硝酸盐发色的肉呈火腿的粉红色，娇艳美丽而且内外颜色均匀。

招数二：查口感

现在餐馆做出来的肉特嫩，牛肉软得和豆腐差不多，这都是“嫩肉粉”的功劳。如今的嫩肉粉几乎都含亚硝酸盐，个别品种亚硝酸盐含量大大超标，还含有多种“保水剂”。所以，相比而言，能吃出肉丝的感觉反而说明没有加嫩肉粉，比较“天然”。

除了亚硝酸盐，嫩肉粉中还有小苏打、磷酸盐等辅助配料。小苏打会破坏肉里面的维生素，而磷酸盐和可乐一样，会妨碍钙、铁、锌等多种营养元素的吸收。嫩肉粉中的木瓜蛋白酶和淀粉倒是没什么害处。所以，嫩肉粉不用最好，嫩得不正常的肉最好别吃。

招数三：品风味

亚硝酸盐能发色，能防腐，多加一些能让普通的肉产生类似腊肉的鲜美风味，有些人对这种味道特别着迷，但用健康作为美食的代价，也太不合算了吧。

第三件大事，就是原料的新鲜度和优质度。

餐馆的原料通常会比家里的原料低一个档次，污染程度怎么样，新鲜程度怎么样，是否来源于规范渠道，是否有 QS 标志，顾客很难控制，甚至难以知晓。所以，要特别注意观察菜肴的状态，从中获取原料质量的信息。

招数一：查口感

现在餐馆都非常善于把低档原料做出高档原料的感觉，比如用嫩肉粉可以把老牛肉变成小牛肉，把老母猪肉变成高档肉，还能让肉充分吸水，把一斤肉当成一斤半肉来用。人们常常发现，水煮牛肉的肉不仅颜色粉红、异常柔软，而且膨大异常，形状扭曲，看不出是片还是块。其实，这样的肉，通常并不是上好的肉，好牛肉是舍不得这么做的。在吃辣子鸡丁、回锅肉等菜的时候，我们会发现肉片或肉丁经过油炸已经基本变干，甚至发脆。这样的肉，通常也不是新鲜的肉，而是因为缺乏香味甚至有异味，特意深度油炸，让它产生焦香，掩盖异味。

招数二：辨滋味

点菜的时候，尽量选择调味比较清淡的菜肴，原料的安全最有保障。这是因为在调味比较清淡的时候，原料的任何不良味道都会暴露出来。如果菜肴中加入大量的辣椒、花椒和其他各种香辛料，或者加入大量的糖和盐，就会让味蕾受到强烈刺激，很难体会出原料的新鲜度，甚至无法发现原料是否已经有了异味。

为什么麻辣味、香辣味食品能大行其道？这就是其中的原因：一则迎合了人们追求刺激的本性，二则店家可以利用浓重的调味来掩盖低质量原料的真相，从而降低原料成本，用低价格来打开市场。所以，越是吃味道浓重的食品，越要非常认真地品味其中的本味，避免被劣质原料所危害。

招数三：嗅风味

对于各种凉菜、主食、点心和自制饮料，也要提高警惕。如果其中用了反复加热的炒菜油，不仅能吃出油腻感，还能吃出不清爽的风味来。如果点心或凉菜里加入了已经氧化酸败的花生、花生碎或芝麻酱，就能嗅出“哈喇味”来。如果使用了陈年的黄豆，打出来的豆浆会有不新鲜的风味。如果用了久放或发霉的原料，煮出来的粥也会带上相应的不良风味，一定要仔细品味。

如果发现餐馆不合以上要求——一定要提出强烈抗议！如果大家都保持沉默，或者只是私下嘀咕，就是对劣质产品和无良店家的纵容。只有消费者的监督，才能让餐馆有自律的动力，我们在外饮食才更加安全。

此外，宴席上的食物看起来虽然极其丰盛，却存在着严重的营养不平衡问题：荤食多、素食少；菜肴多、主食少；缺乏粗粮薯类，油脂用量惊人，还要饮用大量酒和甜饮料。这种状况会造成蛋白质、脂肪过剩，许多维生素、矿物质和膳食纤维缺乏。频繁在外就餐可能带来肥胖、心脑血管疾病、糖尿病、脂肪肝、胃病、肝病、肠癌等不良后果。

所以，经常饮宴者应减少饮宴的频度，每周下馆子不超过 3 次，高度酒不超过 1 次，注意不要劝酒灌酒，避免空腹饮酒，不要吃连席。因工作需要经常宴饮的人应当定期检查身体，尤其是 40 岁之后要每年检查，及时发现慢性疾病，以便调整饮食和生活起居习惯，避免疾病的发展恶化。

@范志红_原创营养信息

我也曾看到番茄牛腩锅被染色，立刻大声质问店家，到底用什么染的？为什么给我吃染色的菜？叫经理过来！其他顾客都回头看，店家立马就软了，说我们马上给你换个菜……三分钟之内就解决了。

如果经常有人对不正常颜色提抗议，店家以后就不会再染色了。他们是以为顾客喜欢这种卖相才染色的。每个人都前怕狼后怕虎，以为忍气吞声最安全，社会就难有正气，最终自己受害。你可以不要求换菜，直接要求退款，这样不会受什么损失。但一定要记得抗议，要让他们知道你为什么以后不再去。否则你不去了，店家不知道是为什么，就不会有什么进步。进步是靠消费者推动的，不要指望生产者主动进步。

健康点菜的五大注意事项

有一次，我请我的本科生吃饭，一群男生女生团团围坐。接过递上来的菜谱，我请他们点菜，学生们却是面面相觑，不知从何下手。

我说：请客之时，往往谁都不愿意点菜，因为众口难调，压力太大。你们都是食品专业的学生，将来和别人一起吃饭，一定有人把这个重担推到你们身上。所以，在毕业之前，最好能学会点一桌营养餐的基本技能。

学生们都频频点头。但是从哪里入手点菜呢？大家问。

我说：好的点菜人需要对各类菜肴和食客两方面都有深入的了解，最好在烹调方面和食物营养方面拥有相当丰富的知识，这些并非一日之功。但营养点菜的入门技术倒也不难，只需记住以下几点即可：

（1）烹调方法是否低脂？煎炸菜肴尽量少些，水煮鱼之类汪着油的菜肴，每餐只点一个过瘾即可。如果可能的话，多点些蒸、煮、炖、凉拌的菜肴，特别是凉菜，应以素食为主，最好选择一两种生拌菜。

（2）食物类别是否多样？把食物划分成肉类、水产类、蛋类、蔬菜类、豆制品类、主食类等。各类食物都有一些，而不是集中于肉类和水产类。在肉类当中，也尽量选择多个品种，猪肉、牛肉、鸡肉、鸭肉等都可以考虑。蔬菜类也分为绿叶蔬菜、橙黄色蔬菜、浅色蔬菜、菌类蔬菜等，尽量增加品种，或选择原料中含有多种食品的菜肴。

（3）有没有足够的蔬菜？鱼肉过多、蔬菜不足，是一般宴席的固有缺陷。其实在生活水平日渐提高的今天，很多精彩的蔬菜菜肴更受欢迎。据我个人经验，餐桌上剩下来的永远是荤菜，蔬菜通常都是一抢而光的。正因为蔬菜容易吃完，很多人出于怕花钱而又好面子的心理，往往愿意点那些低档的肉菜，而不愿意点那些美味的素菜。一般来说，宴席上一荤配两素比较合适。素食应品种繁多，精彩美味；荤菜不在多而在精。这样的一餐能给人留下美好而深刻的印象。

（4）有没有早些上主食？绝大部分宴席都是吃饱了大鱼大肉才考虑是否上主食，这样既不利于蛋白质的利用，又带来了身体的负担，而且不利于控制血脂。为了不影响人们的兴致，可以在凉菜中配一些含有淀粉的品种，在菜肴中搭配有荷叶饼、玉米饼等主食的品种，还可以早点上小吃、粥等食品，既能调剂口味，又能补充淀粉类食物。

说到这里，学生们插了一句话：可惜餐馆中没有粗粮和薯类供应。我说：没错，这正是我们的第五个要点。

（5）有没有粗粮、豆类和薯类？这件事情看起来很难，但也并非不能解决。比如有些凉菜就含有粗粮，如荞麦粉、莜面等。又比如，有些菜肴中含有马铃薯、甘薯和芋头。还有一些餐馆供应紫米粥、玉米饼、荞麦面、绿豆面之类小吃。这些都是粗粮的来源。记得少点酥类小吃，它们通常都含有大量的饱和脂肪。

总之，只要我们动动脑筋，其实大部分餐馆都能调配出基本合格的营养餐。

最后我补充了一句：当然也不能忘记，用餐的目标之一是美食。所以，在控制总预算不超标的基础上，一定要有两三个比较出众的品种。比如说，某店的特色菜、特色小吃，或自制招牌饮料。这些食品无须昂贵，只要新鲜可口，就能赢得赞赏。

6.3 怎样喝酒能减少危害?

喝酒前吃什么好?

有一次和毕业学生聚会，有位做了公务员的同学问：由于工作需要，不得不经常喝酒。虽然身体不算胖，现在已经轻度脂肪肝了。到了年尾，饭局更多。酒后吃点什么有用呢？吃水果行吗？喝醋行吗？

这是个相当老生常谈的问题了，也是很多国人为之烦恼的问题。酒精有毒，多饮有害，人人皆知。为什么还非喝不可呢？

一个现代社会的国民，从小就应当得到教育，要爱惜自己的身体。这样孩子们长大之后就不会暴饮，也不会暴食。不会给别人灌酒，也不会因为别人要求而勉强自己多喝。一些国人没有从小得到爱身体、护健康的教育，所以经常会为了某种物的欲望而虐己虐人，牺牲健康。或许，只有超越初级阶段之后，大众才会从贫困时代的理念逐渐转变到发达社会的理念。

我说，古人云："预则立，不预则废"，曲突徙薪的故事知道吧？与其考虑喝了之后吃什么，还不如考虑喝酒之前吃什么。

喝酒之前吃点东西，一则能够在胃里形成一些保护，减少对胃壁的刺激；二则使酒精和食物混合在一起，能降低它的浓度，延缓酒精的吸收；三则可以摄入酒精代谢所必需的营养物质。具体吃什么好呢？

这就要想一想，什么东西在胃里停留时间较长；什么东西能与酒精结合，延缓它的吸收；什么成分是酒精解毒过程中所需要的。如此，就可以列出这样一些饮酒前适合吃的东西：

——奶类和豆浆等蛋白质饮料。特别是酸奶，质黏稠，往往还加入了植物胶增稠剂，在胃中停留时间较长，有利稀释酒精，并延缓酒精的吸收。乳饮料虽然营养价值远不如牛奶和酸奶，但其中含有增稠剂，也有一定保护胃黏膜的作用。这些食品喝起来方便，备起来也方便，喝酒的间隙还可以名正言顺地继续喝。

——富含果胶的水果和蔬菜，比如山楂、苹果、菜花、南瓜之类。这类食品要多吃一些才行，其中的果胶也有延缓食物成分吸收的作用，而且这些食品水分也较大，能帮助稀释酒精。由于它们热量很低，多吃一些也无须担心肥胖问题。

——富含淀粉的食物。淀粉类大分子能与酒精发生结合，也能延缓酒精的吸收。富含直链淀粉的食物更为理想，比如豆类食品。这是因为酒精能够钻进淀粉分子的螺旋当中，形成“包合物”。

——富含B族维生素的食物，如不油腻的动物内脏、粗粮、奶类、蛋黄、菇类等。必要时可以口服复合维生素B片，对身体有益无害。酒精在肝脏中的代谢需要它们的帮助。这种小药片所有药店都有售，3元左右100片，提前吃两粒很方便。

很多人认为吃肥肉有助于防醉酒，这种观点有一定道理，但不值得提倡。的确，动物脂肪很腻，它们在胃里形成膜之后，对于酒精的吸收有一定的延缓作用。加上蛋白质的保护作用，就更有效一些。有人认为吃含有胶原蛋白和脂肪的肘子皮等能防醉酒，就是这样的道理。植物油的作用就比较差一些，因为它们流动性好，形成保护膜的能力较低。但长期摄入酒精本来就容易导致脂肪肝，食用过量的脂肪就更不利于健康了，故而不提倡为了防醉酒多吃肥肉、大油。要想让植物性脂肪延缓酒精吸收也是可以的，但需要让它和酒精混合成乳化状态，把酒精包裹起来，最好同时吃一些富含卵磷脂的食物，如肝脏、蛋黄等，但它们的胆固醇含量又太高了。

也有人说酸和醇结合能形成酯，所以喝醋可以解酒。但这个反应在体温下的反应速度非常慢，起不到明显作用。只有将酒和醋烹在炒菜锅中，才会有快速的酯化反应而产生香气。

无论如何，要尽量避免空腹饮酒，避免饮酒过快过多。酒桌上逞强、装豪迈是没有意义的，只能招来更多的健康伤害。尽量慢一点喝，分小口咽下，可能的话，喝完酒马上再喝点乳饮料之类稀释酒精。饮酒的同时要正常吃饭菜，不要喝咖啡、可乐、提神饮料等，以免加大肝脏负担。

喝多了酒之后，应及时吐掉，减少对胃的伤害，千万不要为面子而忍着。第二天应当喝粥，吃蔬菜水果，不要再吃高蛋白高脂肪食物，更不要连续饮酒。

酒精伤胃、伤肝、伤心脏、伤大脑，对生殖细胞害处也很大，特别是还没有生育的男人，更要为了下一代的健康而好好保护身体啊！

@ 范志红_原创营养信息

可能有益心脏健康的饮酒量：男性是白酒不超过1两，红酒不超过一高脚杯，啤酒不超过一瓶，女性减半。可惜，只要上桌干杯，就必然超量。不喝醉不等于不受害。女性比男性更容易受到酒精的伤害。

6.4 回家吃饭更健康

自己不做饭，饮食难健康

生活富裕了，节奏加快了，不愿意在家做饭的人越来越多了。在大城市的年轻居民当中，每周在家吃饭不超过 3 天的人占了相当大的比例，而在大学生当中，会做饭做菜的人还不到 15%。

自己不做饭，每天都吃什么呢？一位女士说：早餐吃牛奶、面包加水果，中午在单位吃盒饭，晚上和老公下馆子。偶尔周末有情绪时，才自己动手做点饭菜，还是那种情调型的，样子好看，味道一般。“我可不想像我妈似的，每天围着锅台转”，她说。

可是，远离家庭厨房的饮食生活是否健康呢？美国的一项研究提供了具体的数据。这项研究调查了 1,700 多名年轻男女，了解他们是否自己动手做饭，以及他们的饮食营养状况。

研究发现，只有 21% 的年轻男性和 36% 的年轻女性每周都购买新鲜蔬菜，而只有 44% 的男性和 56% 的女性每周至少一次用鸡肉、鱼和蔬菜来制作晚餐。只有 13% 的男性购买食物之前会列个单子好好考虑，女性则有 23% 的人这样做。

研究者分析这些人的膳食之后发现，在自己做饭的人当中，只有 31% 的人每天能吃到 5 份以上的蔬菜和水果。这个数据似乎令人失望，但在不做饭的人当中，能够吃到 5 份以上蔬菜水果的仅占 3%！最后研究者得出结论：自己做饭更健康。

中国农业大学食品学院的一项有关豆类食品的调查表明，在家吃饭，特别是在家做饭的人，吃到的豆子和豆制品都比较多，而不常在家吃饭的人消费豆类食品的频次显著较低。

实际上，蔬菜、粗粮、薯类、豆类的消费都有类似的规律，也就是说，在家吃饭频率越高，饮食方式越传统，吃到这些健康食品的机会就越大。反之，下馆子次数越多，对快餐食品和速食品的依赖越重，富含膳食纤维和抗氧化因子的食品就吃得越少。同时，优雅、舒适的在外就餐，也带来了脂肪过量、蛋白质过多等问题，甚至还有很多潜在的食品安全问题。如果经常靠零食和点心打发一餐，膳食营养质量更是令人忧虑。

把自己的饮食营养和安全都交给别人，真的可以那么放心么？

看来，健康生活的第一大要务，就是投入时间和精力，下工夫学习基本的烹调技能，自己购买食物原料，自己制作健康而均衡的三餐。不要把厨房装修得相当漂亮之后，让它在那里光可鉴人地闲置，却让自己的肠胃里充满营养垃圾。

@ 范志红_原创营养信息

虽然在外面吃到的大部分东西说不上有毒，但钠含量过高，厨师还可能会超标、超范围乱放食品添加剂。而且过度追求口感和鲜香的饮食趋势本身就不健康，对儿童来说，尤其如此。所以在家烹调是明智的，也是奢侈的。

一个人的营养餐怎么做?

经常有朋友们问:你总是说在家做饭才能吃得健康,可是我一个人生活,实在没法做得复杂,怎么才能在家吃上合格的营养餐呢?

这是一个好问题,也是千千万万人共同面临的困惑。不仅单身者要考虑,两地分居者,家人出差、孩子住校的,还有空巢家庭的中老年人,都常有这样的困惑。

我经常一个人在家做饭,也深有这种体会。不过,在我看来,这个问题并非不能解决。要解决一个问题,首先要分析其中的关键所在。

一个人的营养餐,最需要解决的大概是三个问题:

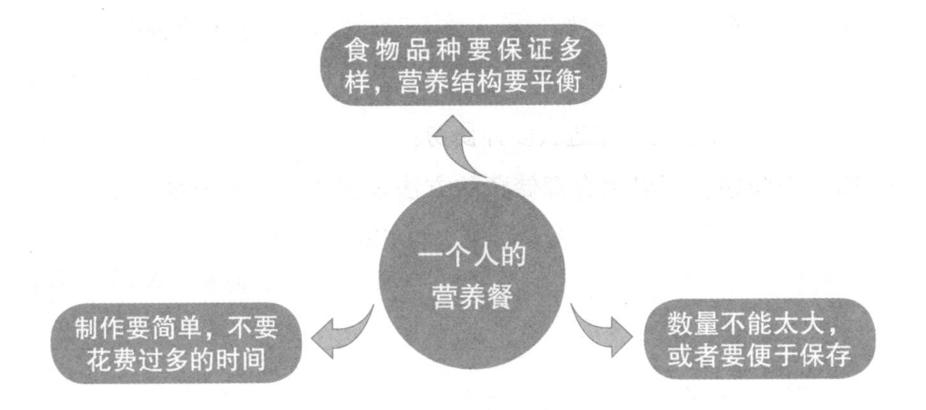

第一个问题,可以用"原料复合化"的方式来解决。比如一碗粥,里面含有8种原料,就比单用大米一种原料营养丰富得多。又比如一份炖肉,里面放蘑菇、冬笋、萝卜、海带等4种配料,就比单炖一种肉好得多。只要把这种思路推而广之,一天15种食物的计划就不难实现。

第二个问题,可以用改进锅具和简化操作来实现。做菜复杂,无非是需要煎炒烹炸的麻烦。把烹调方法换成炖、蒸、凉拌、烤之类,事情就简单多了。

比如一餐中有一个炖菜,一个凉拌菜,加上一份餐前水果,又丰富又舒服。举例子说,一份芒果丁、甜瓜丁,一碗冬瓜、海带炖排骨,一个凉拌花生、木耳、菠菜,全麦馒头一个。这样,一餐就能吃进去9种食物。

其中有 4 种蔬菜、2 种水果、一种粗粮、一种肉类、一种坚果，种类也相当全面。有时间的时候，当然还可以享受热炒菜的乐趣。

昨天在电视上看如何制作叉烧排骨，先腌再炸再烧，最后撒上花生碎，就觉得实在太过麻烦。如果改成炖排骨，事情就简单很多；如果买排酸肉，甚至还可以省去焯水步骤。排骨放进砂锅，先烧开，加香辛料，转最小火，过一个小时，调点味，加入冬瓜、海带之类各种配料再煮 20 分钟就好了。其实真正的操作时间，不过 10 分钟而已，其余都是等待时间。凉拌菜也非常简单，洗菜焯水，晾凉调味，也只有 10 分钟而已。

还可以充分利用便捷原料，比如鸡蛋和豆制品，烹调起来都非常简单。很多市售豆制品，如豆腐干、豆腐丝之类，已经经过烹调，并调好味道，回家只要略微加热就可以直接食用。用它们替代一部分肉类，既健康又方便。

秋冬时节，自己甚至可以做个家庭小火锅，自己买个电火锅，准备好各种涮料，一下子就可以吃进去多种食物。

第三个问题，可以用合理储藏的方法来解决。一般来说，蔬菜必须当餐吃完，但因为蔬菜本身需要量大，只要不过咸过油，多吃一点也不会胖。鸡鸭鱼肉都是可以储藏加热的食物，在冰箱里可以存放1～2天，故而烹调一次，最多能满足3天的需要。粥类食品和其他各种主食都可以储存1～2天，同样可以烹调一次，多餐食用。

所以，只要取一份储备荤食，加一份储备主食，再烹调一两份新鲜蔬菜，准备一份水果，就可以轻松应付一餐了。当然，水果也可以在两餐之间食用。

储备食物时要注意的是，烹调完成时就分好份，冷却后放入冰箱，每次取出一份，当餐吃完，不要反复加热。反复冷热不仅损失营养素，而且增大微生物繁殖机会，同时降低食物的口感品质。

如果你真的爱惜自己的健康，就愿意为它略微投入一点精力。只要开动智慧，一个人的营养餐并非不可实现。所谓“非不能也，是不为也”，想到不如做到，做到就会受益，赶紧行动吧！

节日健康美食自己做

节日的永恒主题是美食和饕餮。无论是丰盛的家宴，还是餐馆酒楼的筵席，都难免吃进大量的动物性食品；无论串亲还是访友，都免不了接受热情的款待。酒足饭饱之后，还有甜点、零食和水果轮番上阵，让肠胃难得片刻休闲。

节日的另一个主题是慵懒和休闲。暂别朝九晚五的日子，每天都能睡到日上三竿。用餐完毕，往往可以悠闲地看看电视、欣赏光碟，或者和电脑相伴。许多人早就在餐馆定下几天的饭食，把做饭和洗涮的麻烦一并省去。

如此运动不足而饮食过度的幸福日子一天一天过去，身体中的脂肪细胞很可能日益膨胀，血液中的脂肪、胆固醇和葡萄糖也可能悄然上升。特别是对于中年人和需要控制体重的人来说，如果不注意节假期间的饮食和活动方式，说不好在节日之中就会迎来许多不应发生的烦恼。

这里就帮您支几招，在家把节日饮食生活过得既丰盛，又健康。

把保健蔬菜请上餐桌

传统宴席菜肴大多是动物性食品，就算有些素食，烹调时也总是不厌其烦地添加油、糖和调味品，以便够上“美味”标准。然而在富裕生活当中，我们跟浓味美食经常见面，那些具有保健作用的清爽食物也许反而是更好的节日美味。

问问自己，有哪些蔬菜平日你极少问津？有哪些菌类你难得一见？在节日里，不妨优先将下面这些保健美食请上自家的餐桌：

——香菇、金针菇、榛蘑、松蘑、猴头、竹荪、木耳、银耳之类，不仅味道鲜美，而且蛋白质和维生素含量丰富，能够提高免疫力、预防心血管疾病。

——海藻类蔬菜如海带、紫菜、裙带菜等，具有排除食物中致癌污染物的功效，而且有利于降血糖、降血脂，减肥美容，是节日不可忘记的选择。

——新品种蔬菜如四棱豆、紫背天葵、紫菜花、绿萝卜、菊苣、牛蒡、芦荟、仙人掌等，都是营养价值高或保健作用显著的蔬菜。

把杂粮豆类做成美食

说到节日的传统主食，总会想到煎炸面食、年糕、八宝饭、饺子和炒饭之类。它们或含大量脂肪，或质地黏糯甜腻。在满桌菜肴下肚之后，已经摄入了相当多的脂肪和盐分，如果主食还不清淡，就会给身体增加过重的负担，更不利于维持美好的身材。

何不在节日期间对主食进行一番改革，让平日难得一见的各种杂粮当回主角？

——用血糯、紫米、大麦、燕麦、薏米、黑豆、红豆、芸豆等粗粮和豆类熬成多宝粥配菜食用，可以补充维生素 B 族、微量元素和纤维素，不仅能让胃肠感觉畅快，对控制体重也极有好处。

——用精工细做的荞麦面条、杂豆面条、山药面条、玉米面条，加上精致的菜卤或者鲜美的肉汤，再加入碧绿的青菜和肉、蛋、海鲜，就是美味而健康的节日早餐了。

——用蔬菜、豆制品、蛋类、鱼类、菇类、海鲜等低脂肪原料作为馅料，制成清爽可口的包子、饺子、菜饼、丸子等，既能增添餐桌上的花色，也是传统食品的小小改良。

尝试更清爽的节日饮料

节日期间酒精饮料和甜饮料都会是畅销货，然而这些饮料极不健康，营养价值低而能量过高，无论对老人还是孩子都无益处。节日期间不妨尝试一些不含糖的时尚健康饮料，如玫瑰花茶、菊花茶、桂花茶、金银花茶、白兰花茶、乌龙茶、白茶、苦丁茶等，不仅味道清香、清热解腻，餐后饮用还有利于控制体重、降低血脂。

如果喜爱甜味饮料，不妨自己制作鲜榨果汁。假如饮用咖啡或者豆浆，建议使用木糖醇和其他混合低能量甜味剂来增加甜味。

假如一定要喝酒以增加节日气氛，建议选择红葡萄酒，每餐不超过 1 杯让其中的多酚类物质发挥保护心血管的作用。

用心搭配健康零食

节日期间，家里往往会购买大量零食，不仅孩子喜欢，大人也爱不释口。传统的节日零食无非是高糖高热量的食物，如糖果、巧克力、膨化食品、蛋糕、饼干之类。在正餐已经相当丰富之后，再摄入高热量的零食，难免会促进身体发胖，给消化系统增添沉重负担。

节日零食不妨选择低糖分、高纤维、营养平衡较好的食品，比如带甜味的鲜水果、杏干、无花果干、枣和橘饼等；喜欢嘴里面嚼东西的人，可以选择热量极低的香菇干、海苔片、铁蚕豆、芋头、红薯、荸荠、菱角等，也是天然而健康的零食选择。

附录：答读者问

问：范老师，我想请问一下，像那些体力消耗特别大的人群，食用血糖指数低的杂粮，会不会让他们觉得无力气啊？

答：血糖指数低的杂粮，消化速度慢，能让食物中的葡萄糖缓慢进入血液，有能量缓释作用，对运动员和体力活动者也是非常有帮助的。

问：范老师，请教：超市售的玉米粉，荞麦粉等等，它们都属于杂粮粉么，其营养价值和全麦粉比怎么样？这些已经被打成粉状的粮食产品会有氧化的影响么？

答：玉米粉和荞麦粉都属于粗粮粉。不过，玉米粉的蛋白质营养价值不及面粉，荞麦粉好一些。不过如果有消化不良问题，这两种粉都不太适合。打粉本身不会影响营养价值，但做成粉后氧化速度会增加，储藏期会缩短。

问：范老师，请问五谷粥是用电压力锅煮的好，还是用豆浆机打的好？豆浆机打的五谷粥跟豆浆一样，没有颗粒的，就是不知道五谷粥这样打会不会破坏营养。

答：豆浆机打出来的粥营养损失更小，因为加热时间和温度都比压力锅要短。

问：范老师，您好！看了您的《鸡蛋怎么吃最不健康》这篇文章后，想问问您：除了鸡蛋之外，是不是所有含有胆固醇、脂肪和蛋白质的食物都会在不当的烹调之后发生氧化，从而产生对人体有害的物质呢？那些无法被紧紧包裹的含胆固醇的食物该怎么处理呢？（譬如肉类就不像鸡蛋有

蛋清和蛋壳保护）

答：都一样，尽量减少高温烹调，新鲜状态下烹调食用。存放越久，特别是长时间储藏的肉类加工品比如香肠、腌肉之类，都有严重的氧化问题。熏烤烹调氧化厉害，水煮氧化少。

问：老师，今天看到一些菜谱上写的炖汤都是30分钟。感觉蔬菜这么长时间煮了不是维生素损失得很厉害？炖汤在营养学方面可取吗？然后感觉炒豆角、西兰花、胡萝卜之类比较硬的菜需要时间很长，这样油脂会容易氧化吗？有没有什么方法可以减少它氧化？(在炒的途中加水是不是可以降低温度？)

答：蔬菜要看是什么菜。大块土豆、藕、萝卜、胡萝卜之类可以煮20分钟以上，会很软，口感好。个人认为炖汤对肠胃比较好，对胡萝卜素和矿物质没有影响，但不是获取维生素C的主要途径。炒豆角、胡萝卜时切丝，时间并不长。西兰花也就10分钟而已，焖豆角也不超过20分钟。焖的方法温度不超过100℃，不至于产生很多有害物质。

问：请教老师一个问题。我属于偏瘦型的，但一方面需要增重，一方面又要减小肚腩，感觉很矛盾。另外，为了增强钙质，我现在还增加了奶制品的饮用量（从200克增加到300克），每天早晨还吃一勺纯黑芝麻酱（脂肪50%），这样一天又会净增近10克脂肪，我需要怎样做才能平衡掉这新增的脂肪呢？怎样才能平衡增重和减肚子脂肪的矛盾呢？

答：最简单的方法就是增加运动。人不胖而小肚腩突出，就是缺乏运动的典型结果。

问：范老师您好，我想问一下吃什么东西可以增加抵抗力？谢谢。

答：没有什么食品神奇到吃了就马上增加抵抗力，除非是药物。抵抗力是身体综合状态的反映。如果你营养平衡，身体状态良好，自然抵抗力就强。

问：范老师好！想请教您：有两种说法。一种说酸奶不能空腹喝（因为怕胃酸杀灭乳酸菌）；一种说蜂王浆要空腹服用（因为空腹可以避免胃酸的影响）。这两种说法一个说空腹胃酸多，一个说空腹胃酸少。那胃酸到底空腹多不多呢？还有饭后胃酸比空腹多吗？

答：空腹胃酸是否多，因人因时而异。如果是胃酸偏少的人，什么时候喝酸奶都无须顾忌，如果胃酸过多就不要临开饭前喝了。没有乳酸菌也一样可以吃，菌死了营养还在，不必太在意。蜂王浆等补品通常建议空腹吃，避免和其他食物成分发生反应。

问：关注范老师两年多了！每天打开您的博客、微博“洗脑”，生活习惯改变多了，谢谢您！有个问题请教，我戒掉您说的高脂肪、高热量的食物，早晚都吃不加油的水煮菜（早晨吃主食，很少吃有油的主食），中午职工餐厅吃饭也挑油少的吃，晚上不吃主食，喝一碗杂粮粥，还每天早晨快走 45 分钟左右，坚持半年多了，可怎么不见瘦呢？急急急！盼指点。

答：体重变化不重要，关键是看看体脂肪有无减少（捏捏腰旁边的肥肉是否薄了，看看体能是否改善）。如果体脂肪也没有减少，就要反思您是否蛋白质、矿物质充足。营养不良会让身体代谢低下，也会妨碍减重。

问：范老师：您好，又来向您请教了。一直都说白菜等绿叶蔬菜不能隔夜吃，想请教一下，自己家里包饺子时用生白菜做料，放在冰箱里速冻是否会产生有害物质，可以隔夜以后再吃吗？谢谢范老师。

答：冰箱里冷冻没有细菌增殖，而剩菜亚硝酸盐增加主要是细菌繁殖引起的，所以冷冻状态无须担心。

问：范老师您好，看了您关于隔夜菜和肉制品的博文，我想请问，如果经常炖一些肉或者鸡，然后放在冰箱里，在之后的一周甚至更长的时间里，做饭的时候取出一些炖肉和菜一起炖一下再吃。这样，炖肉会有亚硝酸盐隐患吗？这种吃法安全吗？因为有些家里人口少的朋友嫌麻烦，就一口气多做些肉慢慢吃，我有点担心。又麻烦您了，非常感谢！

答：如果一周时间，冷藏室就不太安全了，亚硝酸盐不是主要问题，主要是担心产生肉毒素，它比亚硝酸盐毒千万倍。如果储藏时间超过 3 天，建议分装之后放在冷冻室，每次拿出一盒化冻之后吃。

问：范老师，您好，家用烤箱做出来的烤肉、烤鱼等是否是健康食品？

答：家用烤箱可控温，只要温度不过 200℃，就不容易产生致癌物。加上有铝箔包裹，故产生有害物质非常少。

问：范老师，重新翻看了一下您从前的博客，您说精炼茶油耐高温，可以煎炒，这精炼具体是什么意思？那压榨的 100% 纯山茶油是精炼的吗？它的脂肪酸含量与橄榄油那么相似，既然初榨橄榄油不合适高温，压榨茶油可以吗？还是，只有压榨完后浸出的茶油才耐高温？

答：精炼就是去掉异味和杂质。山茶籽油如果不精练，味道是很难吃的。市售产品全部是精炼过的。它不含叶绿素，维生素 E 含量高，所以耐热性强于初榨橄榄油，就和普通橄榄油一样，可以炒菜。

问：范老师，您好！我今年 50 岁，男，身高 180 厘米，体重 65 公斤。我每天的主食没有精米、精面，主要是全麦粉馒头、小米粥、黑米芝麻糊，有时换玉米糊。有红薯的季节半斤红薯，每天吃 1 斤以上的蔬菜，水果较少，30 克黄豆，1 个蛋，肉鱼少量（有时两天不吃）。我想请教范老师，一是不吃细粮可以吗？二是我的食物结构是否合理？非常感谢！

答：按您现在的体重，是略偏瘦。这些食物略少，特别是全吃粗粮时，蛋白质质量偏低，建议增加一点鱼肉，每天50～75克。还可增加一点豆制品，因为黄豆的钙没有豆腐类产品那么多。如果胃没有不舒服，主食可以按现在的状况。如果胃不好，可以考虑增加一点白米，减少一点薯类和玉米。全吃粗粮并非不可，只是要适应自己的胃肠状况，并把蛋白质补够。

出版后记

随着生活节奏的加快，许多都市人已习惯将美食作为疏解高压的一种方式，却忽视了大鱼大肉、麻辣鲜香背后的健康隐患；花样百出的广告则诱惑不少年轻人拿甜饮料当水喝、拿快餐当三餐，还自诩为时尚；还有人因为无知恐慌，轻易就被谣言、迷信所误导，陷入饮食误区，与追求健康的目标背道而驰。

从近几年食品安全事件的公众反应看，人们对饮食和健康的关注度其实并不低。虽然关心饮食，许多人却只知道一味抱怨食品不安全，对自己和家人的营养缺乏意识，掌握的食品科学知识、营养常识十分有限。调查表明，我国居民具备健康素养的总体水平为6.48%，我国的“营养盲”比文盲多得多。

多年来，范老师一直在努力倡导健康生活理念，通过电视、博客、微博等平台传播营养知识。在营养教育尚未普及的当下，范老师的工作非常重要。在细碎的、片段化的知识之外，我们认为很有必要适时总结核心观点。所以做了这么一本书，希望能全面总结范老师在食品安全和营养方面的核心观点，比如“营养比安全重要”、“营养是可控的，保障了营养，饮食就更安全”等，同时收录范老师的最新研究成果，力图为读者呈现一本扎实、精练、贴近大众生活的日常饮食指南。

本书围绕“营养”这一主题展开，从选择食物、安排饮食结构、烹饪、储藏、人群营养、在外吃饭注意事项等角度切入，一一阐述保障营养、吃出健康的方法，还收录了范老师的部分微博和博客留言问答，以提供更为实际具体的建议。书中的文字风格延续了范老师一贯的平实亲和、明晰生动，为增强阅读的便利和舒适度，我们还精心设计了版式。

在普及营养知识的同时，范老师其实也在宣示一种积极向上的健康生活态度。她的身体力行，给了许多人信心。相信只要行动起来，“管住嘴，迈开腿”，每个人就都有希望改善自己和家人的健康。

我们很荣幸能为范老师的无私工作出一份微薄之力，希望本书对关注饮食、渴望健康的读者有所助益。

服务热线：133-6631-2326　139-1140-1220

服务信箱：reader@hinabook.com

后浪出版咨询（北京）有限责任公司

2012 年 11 月

图书在版编目（CIP）数据

让家人吃出健康 / 范志红著.
—北京：世界图书出版公司北京公司，2012.9
ISBN 978-7-5100-5260-6
Ⅰ.①让… Ⅱ.①范… Ⅲ.①食品安全 ②食品营养 Ⅳ.① TS201.6 ② R151.3
中国版本图书馆 CIP 数据核字 (2012) 第 217048 号

让家人吃出健康：自己打造食品安全小环境

著　　者： 范志红　　**筹划出版：** 银杏树下　　**出版统筹：** 吴兴元
策划编辑： 罗炎秀　　**责任编辑：** 罗炎秀　　**营销推广：** ONEBOOK　　**装帧制造：** 墨白空间

出　　版： 世界图书出版公司北京公司
出 版 人： 张跃明
发　　行： 世界图书出版公司北京公司（北京朝内大街 137 号　邮编 100010）
销　　售： 各地新华书店
印　　刷： 北京正合鼎业印刷技术有限公司（北京市大兴区黄村镇太福庄东口　邮编 102612）
（如存在文字不清、漏印、缺页、倒页、脱页等印装质量问题，请与承印厂联系调换。联系电话：010-61256142）

开　　本： 720×1030 毫米　1/16
印　　张： 16　插页 3
字　　数： 230 千
版　　次： 2013 年 2 月第 1 版
印　　次： 2013 年 2 月第 1 次印刷

读者服务： reader@hinabook.com　139-1140-1220
投稿服务： onebook@hinabook.com　133-6631-2326
购书服务： buy@hinabook.com　133-6657-3072
网上订购： www.hinabook.com　（后浪官网）

ISBN 978-7-5100-5260-6　　　　**定　　价：** 29.80 元